MW00979427

Teubner Studienbücher

Physik/Chemie

Becher/Böhm/Joos: **Eichtheorien der starken und elektroschwachen Wechselwirkung.** 2. Aufl. DM 36,–

Bourne/Kendall: **Vektoranalysis.** DM 23,80

Daniel: **Beschleuniger.** DM 25,80

Engelke: **Aufbau der Moleküle.** DM 36,–

Großer: **Einführung in die Teilchenoptik.** DM 21,80

Großmann: **Mathematischer Einführungskurs für die Physik.** 4. Aufl. DM 32,–

Heil/Kitzka: **Grundkurs Theoretische Mechanik.** DM 39,–

Heinloth: **Energie.** DM 38,–

Kamke/Krämer: **Physikalische Grundlagen der Maßeinheiten.** DM 19,80

Kleinknecht: **Detektoren für Teilchenstrahlung.** DM 26,80

Kneubühl: **Repetitorium der Physik.** 2. Aufl. DM 44,–

Lautz: **Elektromagnetische Felder.** 2. Aufl. DM 29,80

Lindner: **Drehimpulse in der Quantenmechanik.** DM 26,80

Lohrmann: **Einführung in die Elementarteilchenphysik.** DM 24,80

Lohrmann: **Hochenergiephysik.** 2. Aufl. DM 32,–

Mayer-Kuckuk: **Atomphysik.** 2. Aufl. DM 32,–

Mayer-Kuckuk: **Kernphysik.** 4. Aufl. DM 34,–

Neuert: **Atomare Stoßprozesse.** DM 26,80

Primas/Müller-Herold: **Elementare Quantenchemie.** DM 39,–

Raeder u. a.: **Kontrollierte Kernfusion.** DM 36,–

Rohe: **Elektronik für Physiker.** 2. Aufl. DM 26,80

Walcher: **Praktikum der Physik.** 5. Aufl. DM 29,80

Wegener: **Physik für Hochschulanfänger**
Teil 1: DM 24,80
Teil 2: DM 24,80

Wiesemann: **Einführung in die Gaselektronik.** DM 28,–

Preisänderungen vorbehalten

Zu diesem Buch

Dieses Buch ist aus vielfältigen Erfahrungen eines industriellen Forschungs- und Entwicklungslabors beim Entwurf von faseroptischen Komponenten und Systemen hervorgegangen. Es soll Grundlagen der optischen Übertragungstechnik soweit vermitteln, daß eine gewinnbringende eigene Arbeit des Lesers darauf aufbauen kann. Insbesondere wurde Wert darauf gelegt, auf zahlreiche Schwierigkeiten und Fehlermöglichkeiten hinzuweisen, die das neue Medium Glasfaser bereithält. Dem Praktiker soll damit geholfen werden, die Phase der leidvollen Erfahrung zu verkürzen. Das Buch wendet sich aber vor allem an Studenten der Elektrotechnik und Physik, die an der optischen Übertragungstechnik und Glasfaser-Meßtechnik interessiert sind. Nachrichtentechnische Grundkenntnisse werden vorausgesetzt. Für ein vertiefendes Studium sind zahlreiche Literaturhinweise beigefügt.

Systemgrundlagen und Meßtechnik in der optischen Übertragungstechnik

Von

Dr. rer. nat. Wolfgang Bludau
Professor an der Fachhochschule der Deutschen Bundespost, Berlin

Dr.-Ing. Hans Martin Gündner
Standard Elektrik Lorenz AG, Stuttgart

Dipl.-Phys. Manfred Kaiser
Standard Elektrik Lorenz AG, Stuttgart

Mit zahlreichen Abbildungen

B. G. Teubner Stuttgart 1985

Prof. Dr. rer. nat. Wolfgang Bludau

Von 1967 bis 1973 Physikstudium an der Universität Heidelberg. 1975 Promotion am Max-Planck-Institut für Festkörperphysik Stuttgart. Wiss. Mitarbeiter des Max-Planck-Institutes bis 1980, unterbrochen durch ein einjähriges Auslands-Forschungsstipendium bei IBM in San Jose, USA. Von 1980 bis 1983 Entwicklungsingenieur im Forschungszentrum der Standard Elektrik Lorenz AG in Stuttgart. Seit Herbst 1983 Dozent für Optische Übertragungstechnik an der Fachhochschule der Deutschen Bundespost in Berlin.
Kapitel 2: Meßtechnik

Dr.-Ing. Hans Martin Gündner

Von 1963 bis 1970 Physikstudium an der Universität Stuttgart. Von 1972 bis 1978 Wiss. Assistent am Institut für Elektrische Nachrichtentechnik der Universität Stuttgart, 1977 Promotion. Von 1978 bis 1980 Entwicklungsingenieur im Forschungszentrum der SEL Stuttgart, seit 1981 Leiter des Labors für Optische Übertragungstechnik.
Kapitel 3: Systeme

Dipl.-Phys. Manfred Kaiser

Von 1961 bis 1969 Physikstudium an der Freien Universität Berlin. Seit 1969 Mitarbeiter des Forschungszentrums der SEL in Stuttgart. Hauptarbeitsgebiete bis 1976: Raumfahrtprojekte, Piezokeramische Werkstoffe; danach im Anschluß an einen etwa halbjährigen Aufenthalt in England die Optische Nachrichtenübertragung. Arbeitsschwerpunkte: Komponentenentwicklung, Komponentenmeßtechnik.
Kapitel 1: Komponenten

CIP-Kurztitelaufnahme der Deutschen Bibliothek

Bludau, Wolfgang:
Systemgrundlagen und Messtechnik in der optischen Übertragungstechnik / von Wolfgang Bludau ; Hans Martin Gündner ; Manfred Kaiser. - Stuttgart : Teubner, 1985.
(Teubner Studienskripten ; 105 : Angewandte Physik, Elektrotechnik)
ISBN 978-3-519-00105-8 ISBN 978-3-322-96631-5 (eBook)
DOI 10.1007/978-3-322-96631-5

NE: Gündner, Hans Martin:; Kaiser, Manfred:; GT

Gesamtherstellung: Beltz Offsetdruck, Hemsbach/Bergstr.
Umschlaggestaltung: M. Koch, Reutlingen

VORWORT

Die Glasfaser zeichnet sich durch außerordentlich geringe Dämpfung und große Übertragungsbandbreite aus. Das macht sie zu einem idealen Übertragungsmedium für künftige integrierte Breitbanddienste, die nicht nur als technisch fortschrittlich anzusehen sind, sondern die bei richtigem Gebrauch auch positive gesellschaftliche Veränderungen bewirken können. Informationen werden dem Einzelnen dann zur Verfügung stehen, wenn er sie braucht und vom entsprechenden Informationsspeicher abruft. Transport von Material wird an Bedeutung verlieren zugunsten des Transportes von Information. Zeit-, Arbeits- und Materialersparnis wird die Folge sein.

Für die breite Einführung der Glasfaser sind geringer Raumbedarf, Umweltfreundlichkeit und Unabhängigkeit von knappen Rohstoffen willkommene und wesentliche Gesichtspunkte in einer Zeit gestiegenen Umweltbewußtseins. Wenn zugleich weitgehender Gebrauch von hochintegrierten elektronischen Schaltungen gemacht wird, werden sich kostengünstige Systeme aufbauen lassen.

Aus heutiger Sicht wird sich die Monomodetechnik sowohl im Fernbereich als auch in der Ortsebene öffentlicher Netze durchsetzen. Datenraten im Bereich von Gigabit pro Sekunde und Wellenlängenvielfach werden eine hohe Ausnutzung der Übertragungskapazität zulassen. Der Schritt zu kohärenten Übertragungsverfahren wird - 60 Jahre nach der klassischen Rundfunktechnik - Breitbandverteildienste mit nahezu unbeschränktem Angebot und ganz neue, heute noch nicht absehbare Systemstrukturen ermöglichen. Die Multimodetechnik wird ihren Platz vorwiegend in kurzreichweitigen Datenverbindungen aller Art behalten.

Die Übertragung mit Glasfasern hat sich innerhalb weniger Jahre von einer exotischen Forschungsrichtung zu einem umfangreichen Arbeitsgebiet der Nachrichtentechnik entwickelt. Ihr Tätigkeitsfeld umfaßt Aufgaben gleichermaßen für Physiker wie für Elektroingenieure. Sowohl für das theoretische Verständnis der Lichterzeugung, -ausbreitung und -detektion als auch für den praktischen Umgang mit Lichtwellenleitern sind viele neuartige Erkenntnisse und Erfahrungen nötig. Das gilt vor allem auch für die Meßtechnik, die zahlreiche, erst auf den zweiten Blick erkennbare Fehlerquellen bereithält. Das vorliegende Buch will Studierenden und praktisch tätigen Nachrichtentechnikern Hilfestellung für den Einstieg in die optische Übertragungstechnik geben. Es verzichtet, wo möglich, auf theoretische Ableitungen, gibt aber für eine Vertiefung zahlreiche Hinweise auf die Originalliteratur. Die wichtigsten Systemlösungen und ihre Grenzen werden erläutert.

Unser Buch ist aus vieljährigem praktischem Umgang mit Komponenten, der optischen Meßtechnik und dem Entwurf und Aufbau von Systemen entstanden. Die Dreigliederung spiegelt die speziellen Erfahrungen der Autoren wider. Wir hoffen, einen Teil dieser Erfahrung an den Leser weitergeben zu können, als Wegweiser zu einem faszinierenden Arbeitsfeld zwischen Physik und Nachrichtentechnik.

Unser herzlicher Dank gilt Fräulein Ingrid Lechner, die uns bei der Anfertigung der Bilder und beim Erstellen des Manuskripts eine unersetzliche Hilfe war.

Stuttgart 1984

W.Bludau
H.M.Gündner
M.Kaiser

Inhaltsverzeichnis Seite

1. DIE KOMPONENTEN

1.1. Die Faser

1.1.1 Faseraufbau, Leistungstransport und Modenstruktur

Die Faser besteht aus dielektrischem Material, also etwa aus Glas oder strahlungsdurchlässigem Plastikmaterial, das im Kernbereich eine höhere Brechzahl aufweist als im umgebenden Mantelbereich. In der Beschreibungsweise der geometrischen Optik führt das dazu, daß Strahlung, die aus einem bestimmten Raumwinkelbereich auf den Faserquerschnitt fällt, durch Totalreflexion geführt wird und die Faser somit erst wieder am anderen Ende verlassen kann (Abb. 1-1). Mit dem Begriff "Strahlung" ist hier und im folgenden immer elektromagnetische Strahlung gemeint, wobei der sichtbare Bereich, das Licht, eingeschlossen sein kann. Meist wird es sich aber um Strahlung im nahen Infrarot handeln, da Nachrichtenfasern z.Z. fast nur in diesem Bereich eingesetzt werden.

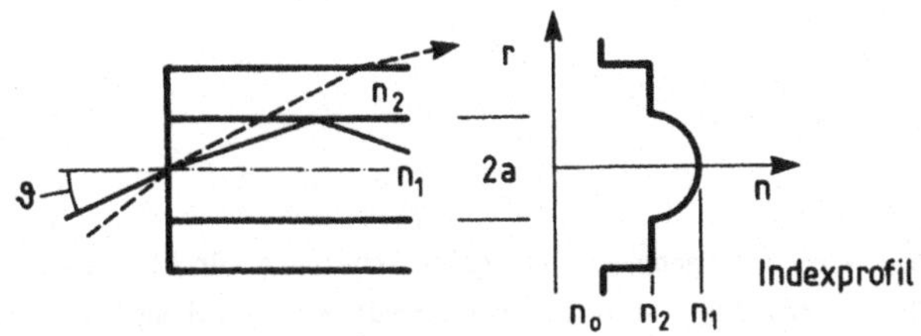

Akzeptanzwinkel: $\vartheta = \arcsin A_N$

Numerische Apertur: $A_N = \sqrt{n_1^2 - n_2^2}$

Abb. 1-1: Faseraufbau

Der Winkel ϑ, aus dem die Faser Strahlung akzeptiert, errechnet sich aus den beiden Brechzahlen n_1 und n_2 gemäß:

$$\sin \vartheta = \sqrt{n_1^2 - n_2^2} \tag{1.1}$$

Man bezeichnet die Größe

$$A_N = \sin \vartheta = \sqrt{n_1^2 - n_2^2} \tag{1.2}$$

als die numerische Apertur der Faser (eine entsprechende Definition gilt für beliebige optische Systeme). Führt man die relative Indexdifferenz Δ ein,

$$\Delta = \frac{n_1^2 - n_2^2}{n_1^2} \approx \frac{n_1 - n_2}{n_1} \tag{1.3}$$

so kann man näherungsweise schreiben:

$$A_N \approx n_1 \cdot \sqrt{2\Delta} \tag{1.4}$$

Im allgemeinen Fall wird die Kernbrechzahl keine konstante Größe sein, sondern von der Ortskoordinate r - in Zylinderkoordinaten - abhängig, so daß es notwendig wird, eine lokale numerische Apertur zu definieren, die ebenfalls eine Funktion von r ist:

$$A_N(r) = \sqrt{n(r)^2 - n_2^2} \tag{1.5}$$

Das Produkt aus den Quadraten von numerischer Apertur und Kernradius entspricht der normierten Strahldichte des Strahlungsfeldes, wird also beim Leistungstransport und bei der Kopplung eine entscheidende Rolle spielen.

Das Brechzahlprofil (oder Indexprofil) der Faser wird durch die Profilfunktion n(r) beschrieben, die sich für eine weite Klasse von Fasern in folgender Weise darstellen läßt:

$$n(r) = n_1 \left(1 - \Delta \left(\frac{r}{a}\right)^g\right) \quad \text{für} \quad r < a$$

$$n(r) = n_2 \qquad \text{für} \quad r \geq a \tag{1.6}$$

Dabei ist g der sog. Profil- oder Indexexponent. Für sehr großes g, mathematisch für g gegen unendlich, erhält man die sog. Stufenindex- oder SI-Faser, für g = 2 die Gradienten- oder GI-Faser.

Faserkennzeichnung: Nach DIN 57888 bezeichnet G 50/125 eine Gradientenfaser mit 50 µm Kerndurchmesser und 125 µm Außendurchmesser. Nach dieser Bezeichnungsweise ist S 100/140 dann eine Stufenfaser mit den entsprechenden Abmessungen von 100 und 140 µm.

Die für die Faser charakteristischen Größen sind also Kernradius a, die numerische Apertur A_N und der Profilexponent g. Sind diese Größen gegeben, so läßt sich geometrisch-optisch mit ein wenig Rechenaufwand ermitteln, welchen Leistungsanteil die Faser aus einem homogenen und isotropen Strahlungsfeld aufnimmt und transportiert (siehe 1.3.2). Diese Rechnung gilt zunächst in makroskopischer Näherung, also für den besonderen Fall, daß alle vorkommenden Längen groß gegenüber der Strahlungswellenlänge sind, die zur Signalübermittlung benutzt werden soll. Da dieses von vornherein nicht festliegt, muß erwartet werden, daß dieser Rechenansatz sozusagen die Feinstruktur des Leistungstransportes auf der

Faser verwischt und u.U. wesentliche Ergebnisse unterdrückt. Die exaktere Rechnung geht von den Maxwell-Gleichungen aus und läuft - nur in einigen wesentlichen Schritten angedeutet - folgendermaßen ab:

$$\vec{\nabla} \times \vec{E} = \dot{\vec{B}} \qquad \vec{\nabla} \times \vec{H} = \dot{\vec{D}}$$
$$\vec{\nabla} \cdot \vec{B} = 0 \qquad \vec{\nabla} \cdot \vec{D} = 0 \tag{1.7}$$

Da sich die Wellenausbreitung im materieerfüllten Raum abspielt, gilt zusätzlich:

$$\vec{D} = \varepsilon \cdot \vec{E} \qquad \vec{B} = \mu \vec{H} \tag{1.8}$$

Daraus erhält man die skalare Wellengleichung:

$$\nabla^2 \psi = \varepsilon \cdot \mu \cdot \ddot{\psi} \tag{1.9}$$

wobei allerdings angenommen werden muß, daß die Brechzahl in der Faser sich im Bereich einer Wellenlänge nur in vernachlässigbarer Weise ändert. ψ steht für eine beliebige Komponente von $\vec{E}$ oder $\vec{H}$. Man führt Zylinderkoordinaten ein, r, φ, z, der Fasergeometrie angepaßt, und sucht nach Lösungen, die in der Zeit t und in der Längskoordinate z der Faser periodisch sind:

$$\begin{Bmatrix} \vec{E} \\ \vec{H} \end{Bmatrix} = \begin{Bmatrix} \vec{E}(r,\varphi) \\ \vec{H}(r,\varphi) \end{Bmatrix} e^{-j(\omega t - \beta z)} \tag{1.10}$$

β ist dabei die z-Komponente des Ausbreitungsvektors.

Der Ansatz führt zu Ausdrücken für die r- und φ-Komponenten der Feldvektoren in Abhängigkeit von den jeweiligen z-Komponenten. Diese wiederum erhält man aus der in Zylinderkoordinaten hingeschriebenen skalaren Wellengleichung durch den Separationsansatz:

$$\begin{Bmatrix} E_z \\ H_z \end{Bmatrix} = A \cdot F(r) \cdot e^{j\nu\varphi} \tag{1.11}$$

Hier muß ν eine ganze Zahl sein, um die Periodizität der Lösung in z sicherzustellen. Man kommt damit zu folgender Differentialgleichung für die Ortsfunktion $F = F(r)$:

$$F'' + \frac{1}{r} \cdot F' + \left(K^2 - \beta^2 - \frac{\nu^2}{r^2} \right) \cdot F = 0 \tag{1.12}$$

K ist die Ausbreitungskonstante einer Welle in einem Medium der Brechzahl n, wobei gilt:

$$K = \frac{2 \cdot \pi \cdot n}{\lambda} \tag{1.13}$$

Die Gleichung (1.12) muß nun unter Berücksichtigung der durch den Faseraufbau vorgegebenen Randbedingungen gelöst werden, womit dann die Feldverteilungen vorliegen und das Problem des Leistungstransports auf der Faser von der Physik her abgehandelt ist. Allerdings ist die Mathematik nicht ganz einfach, und analytisch geschlossene Lösungen lassen sich nur in wenigen Spezialfällen angeben. Siehe z.B. /1.1/, /1.2/ und /1.9/.

Einige wichtige Ergebnisse der Rechnung sind:

- Für einen beliebigen Satz von Faserkenngrößen a , A_N und g existieren bei einer Wellenlänge λ nur endlich viele diskrete Lösungen. Jede dieser Lösungen charakterisiert eine bestimmte Feldverteilung, die sich in Richtung der Faserachse, also in z-Richtung fortpflanzt. Eine solche Feldverteilung bezeichnet man als einen Modus oder Mode des Faserstrahlungsfeldes.

- Die Lösungen werden im Kernbereich durch Besselfunktionen dargestellt, die sich in den Mantelbereich hinein als modifizierte Besselfunktionen mit exponentiellem Abfall, sog. Hankelfunktionen, fortsetzen.

- Die Anzahl N der in einer Faser ausbreitungsfähigen Moden wird durch den sogenannten Strukturparameter V (V-Parameter, normierte Frequenz) bestimmt:

$$V = 2\pi \cdot a \cdot A_N \cdot \frac{1}{\lambda} \qquad (1.14)$$

Es gilt:

$$N = \frac{1}{2} \cdot \frac{g}{g+2} \cdot V^2 \qquad (1.15)$$

Bei homogener und isotroper Strahlungsleistungsverteilung am Eingang der Faser trägt jeder Mode den gleichen Leistungsanteil. Die Gesamtstrahlungsleistung, die von einer Faser transportiert wird, ist also proportional zu V^2 . Wichtig ist hier die Erkenntnis, daß V in a und A_N symmetrisch ist. Daraus läßt sich schließen, daß bei Fragen des Leistungstransports auf der Faser die Variablen r und $\sin\vartheta$ vertauschbar sind.

N bezeichnet man auch als das Modenvolumen der Faser.

Aus der Tatsache, daß zu einem bestimmten Strukturparameter V eine bestimmte Anzahl ausbreitungsfähiger geführter Moden gehört, folgt, daß es Grenzbedingungen gibt, bei deren Überschreitung ein bestimmter Mode gerade nicht mehr geführt wird. Man spricht vom "cut-off" des betreffenden Modes. Da in einer gegenständlich vorliegenden Faser die Wellenlänge die einzige Variable im V-Parameter ist, wird bei Vergrößerung der Betriebswellenlänge irgendwann die "cut-off"- oder Grenzwellenlänge dieses Modes überschritten. Bei der Faserherstellung kann man entsprechend den Profilexponenten g, den Kerndradius a und die Numerische Apertur A_N so wählen, daß viele oder nur wenige Moden ausbreitungsfähig sind. Im Grenzfall kommt man zu der Faser, in der nur noch ein Mode geführt wird. Für diesen Mode gibt es dann keine cut-off-Bedingung mehr. Eine Faser ist ein- oder monomodig, wenn für sie gilt:

$$V \leq 2{,}405 \tag{1.16}$$

Darüber ist sie entsprechend mehr- oder multimodig. Unter der cut-off-Wellenlänge λ_c schlechthin versteht man genau diejenige Wellenlänge, bei deren Überschreitung eine Faser nur noch einen Mode, den Grundmode, führen kann. Neben Monomode- oder Einmodenfaser gibt es daher auch die Bezeichnung "Grundmodenfaser". Aus (1.14) folgt für die cut-off-Wellenlänge λ_c einer Faser:

$$\lambda_c = \frac{V \cdot \lambda}{2{,}405} \tag{1.17}$$

Mit (1.4) erhält man daraus eine Beziehung, aus der man die cut-off-Wellenlänge einer Stufenfaser abschätzen kann:

$$\lambda_c = \frac{2\pi \cdot a \cdot n_1 \sqrt{2\Delta}}{2{,}405} \tag{1.18}$$

Umgekehrt kann man über die Messung von λ_c einer beliebigen Faser eine äquivalente Stufenfaser zuordnen, was bei der theoretischen Untersuchung des Faserverhaltens zu erheblichen mathematischen Vereinfachungen führt.

Eine Möglichkeit, die cut-off-Wellenlänge zu bestimmen, folgt unmittelbar aus den vorstehenden Überlegungen: Die nach dem Grundmode nächst höhere Modenverteilung führt doppelt soviel Leistung wie dieser. Mißt man also die von einer Faser transmittierte Strahlungsleistung als Funktion der Wellenlänge, so wird man beim Überschreiten von λ_c ein Absinken der Ausgangsleistung um (theoretisch) 2/3 beobachten. In der Praxis ist die Bestimmung von λ_c nun so leicht nicht möglich. Der Übergang von der Einmodigkeit zur Mehrmodigkeit ist nicht sehr scharf definiert, so daß die aktuellen Betriebsbedingungen einer Faser eine erhebliche Rolle spielen. Man spricht daher häufig von der effektiven cut-off-Wellenlänge λ_{ce} einer realen größeren Faserlänge, die man aus einer Messung an einer kurzen Faser über eine empirische Beziehung errechnen kann. Näheres dazu z.B. in /1.6/ und /1.7/.

Zur Bestimmung der Faserkenngrößen, aber auch für die Koppeltechnik, erhält man wichtige Informationen aus den Nah- und Fernfeldleistungsverteilungen.

Im Nahfeld mißt man die abgestrahlte Leistung direkt auf der Faserstirnfläche ortsaufgelöst über dem Faserdurchmesser und integriert über den Raumwinkel. Das erreicht man dadurch, daß man ein Meßobjektiv benutzt, das eine größere numerische Apertur hat, als die zu messende Faser.

Im Fernfeld dagegen mißt man ausschließlich die Winkelverteilung der Strahlungsleistung und integriert über die Ortsabhängigkeit, indem man den Detektor so weit von der Faserstirnfläche entfernt anbringt, daß diese als Punktstrahlungsquelle angesehen werden kann. Dies ist bei etwa eintausend Kerndurchmessern sicher der Fall, so daß man z.B. bei einer 50/125- µm -Faser mit einem Meßabstand von 5 cm oder mehr arbeitet.

Die Beziehungen (1.14) und (1.15) beschreiben das in einer Faser angeregte Modenvolumen und damit die von der Faser transportierte Strahlungsleistung als Funktion der Variablen r und $A_N(r)$. Danach akzeptiert eine Faser in einem Flächenelement auf ihrer Stirnfläche mit der Ortskoordinate r eine Leistung, die proportional zum Quadrat der dortigen lokalen numerischen Apertur ist:

$$P(r) \sim A_N^{\,2}(r) = n^2(r) - n_2^{\,2} \tag{1.19}$$

Die bei r = 0, also direkt auf der Faserachse aufgenommene Leistung erergibt sich aus der totalen numerischen Apertur der Faser, so daß man erhält:

$$\frac{P(r)}{P(0)} = \frac{n^2(r) - n_2^{\,2}}{n_1^{\,2} - n_2^{\,2}} \tag{1.20}$$

Setzt man hier die Beziehung (1.6) ein, so ergibt sich nach kurzer Rechnung:

$$P(r) = P(0)\,(1 - (\frac{r}{a})^g) \tag{1.21}$$

Dies ist - da die Strahlrichtung umkehrbar ist - die Nahfeldleistungsverteilung einer Faser. Sie gibt die Profilfunktion wieder und erlaubt die Bestimmung des Profilexponenten g und des Kerndurchmessers 2a.

Die zugehörige Fernfeldleistungsverteilung ergibt sich unmittelbar aus der Tatsache, daß der V-Parameter und damit das Modenvolumen symmetrisch in den Variablen r und $\sin\vartheta$ sind. Damit führt in (1.21) die Substitution

$$\begin{aligned} r &\longrightarrow \sin\vartheta \\ a &\longrightarrow A_N \end{aligned} \tag{1.22}$$

direkt auf die Winkelabhängigkeit der Strahlungsleistungsverteilung, also auf das Fernfeld:

$$P(\vartheta) = P(0)\left(1 - \left(\frac{\sin\vartheta}{A_N}\right)^g\right) \tag{1.23}$$

Aus dieser Beziehung kann bei bekanntem Profilexponenten die numerische Apertur der Faser bestimmt werden.

Für kleine Argumente kann (1.23) durch die entsprechende Gaußfunktion angenähert werden. Besonders bei der Messung an kurzen Faserlängen mit einem relativ hohen Beitrag von schwach geführten Moden bzw. Leckmoden läßt sich das Fernfeld häufig in recht guter Näherung durch eine Gaußfunktion beschreiben.

Bei Monomodefasern lassen sich die Feldverteilungen explizit angeben, wenn man entsprechende Werte für Kerndurchmesser und Brechzahlprofil zugrundelegt. In der realen Faser sind diese Werte nun üblicherweise nicht so gut zu realisieren, wie es in der Theorie vorausgesetzt wird. Man rechnet daher häufig mit einer äquivalenten Stufenfaser und nähert die Feldverteilung durch eine Gaußfunktion an. Dies führt im Bereich von $0{,}8 < \lambda / \lambda_C < 1{,}5$ zu kaum merklichen Abweichungen von der tatsächlichen Feldstruktur /1.8/.

1.1.2 Faserdämpfung

Ein optisches Signal mit der Leistung P hat nach dem Durchlaufen einer Faserlänge dL einen Leistungsanteil dP verloren, der zu P und dL proportional ist (Lambert-Beer'sches Gesetz):

$$-dP = k \cdot P \cdot dL \tag{1.24}$$

Die Proportionalitätskonstante k - üblicherweise als Extinktionsmodul bezeichnet - ist dabei offenbar ein Maß für die Dämpfung der Faser. Die Integration dieser Gleichung führt auf:

$$P(L) = P(0) \cdot e^{-k \cdot L} \tag{1.25}$$

P(0) ist dabei die Strahlungsleistung am Faseranfang und P(L) diejenige nach der Faserlänge L.
Eine Messung der Strahlungsleistung in der Faser als Funktion der Faserlänge zeigt Abb. 1-2. Man sieht den exponentiellen Leistungsabfall, wie ihn die Beziehung (1.25) vorhersagt.

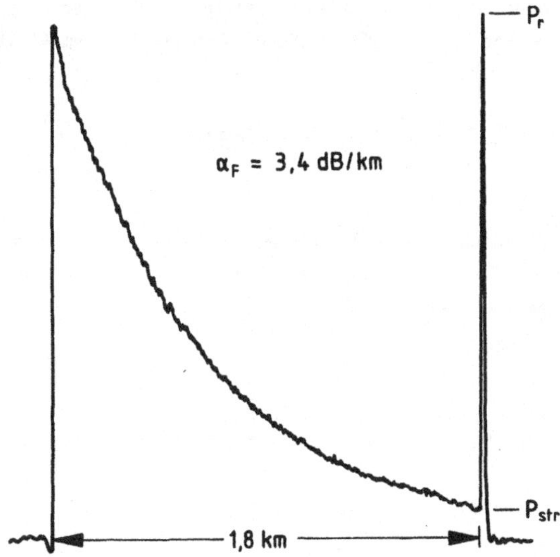

Abb. 1-2: Abklingen der Strahlungsleistung in einer Faser

Aufgenommen wurde die Kurve in der sog. "back-scatter"- oder Rückstreutechnik (siehe Kap. 2.2.3, Rückstreumeßtechnik).

Aus (1.25) erhält man die längenbezogene Dämpfungskonstante bzw. den Dämpfungskoeffizienten der Faser:

$$k = -\frac{1}{L} \cdot \ln \frac{P(L)}{P(0)} \tag{1.26}$$

Die Gesamtdämpfung einer Faser ergibt sich also als Produkt aus Dämpfungskoeffizient und Faserlänge. Danach ist die Dämpfung zunächst eine längenproportionale Größe. Weiter unten wird sich zeigen, daß hierbei hin und wieder Einschränkungen nötig sind.

In der Nachrichtentechnik benutzt man anstelle des natürlichen Logarithmus den mit dem Faktor 10 multiplizierten dekadischen Logarithmus und gibt der so definierten Größe die Einheit Dezibel (dB). Der Dämpfungskoeffizient einer Faser, d.i. die Dämpfung in dB pro km, ermittelt sich also gemäß:

$$\alpha = -\frac{10}{L} \cdot \log \frac{P(L)}{P(0)} \qquad \text{dB/km} \tag{1.27}$$

Eine Faser, bei der nach einer Länge von einem Kilometer die Strahlungsleistung auf den halben Anfangswert gefallen ist, hat demnach den Dämpfungskoeffizienten

$$\alpha = 3{,}01 \quad \text{dB/km}$$

Für die Dämpfung der Faser sind drei Verlustmechanismen verantwortlich:

- Absorption
- Streuung
- Strahlung

Durch Absorption wird Strahlungsleistung an Verunreinigungen im Faser-

material in Wärme umgewandelt. Besonders die Ionen der Übergangselemente Cu, Fe, Co, Mn und Ni bewirken Absorptionsverluste im nahen Infrarotbereich, so daß man bemüht ist, die Konzentration dieser Elemente in den Ausgangsmaterialien für die Faserherstellung möglichst gering zu halten. Daneben hat das OH-Ion starke Absorptionsbanden im nahen Infrarotbereich, die deutlichsten bei 950, 1240 und 1390 nm. Die kritischen Konzentrationen liegen im ppb-Bereich (ein Teil Verunreinigung auf eine Milliarde Teile reinen Fasermaterials).
Zum UV- und längerwelligen IR-Bereich hin wird die Transmission der Faser durch die Eigenabsorption des Fasermaterials selbst begrenzt (siehe Abb. 1-3).

Während Absorptionsverluste in dem interessierenden Wellenlängenbereich durch reinere Ausgangsmaterialien und "Dehydrierung" verringert werden können, ist die Streuung ein Phänomen, das vom Fasermaterial selbst herrührt und damit bei vorgegebenem Faseraufbau die untere mögliche Grenze für die Faserdämpfung festlegt. Bei der linearen Streuung - oft als Rayleigh-Streuung bezeichnet - sind statistische Brechzahlschwankungen im Wellenlängenbereich die Ursache. Die gestreute und damit dem Nutzsignal entzogene Strahlungsleistung ist umgekehrt proportional zur vierten Potenz der Wellenlänge:

$$P_{str} \sim \frac{1}{\lambda^4} \tag{1.28}$$

Der hierdurch hervorgerufene Dämpfungsbeitrag fällt daher sehr rasch mit zunehmender Wellenlänge im Gegensatz zu Streueffekten an größeren Materialeinschlüssen, etwa Gas- oder Luftbläschen, die eine eher quadratische Wellenlängenabhängigkeit haben.

Die Rayleigh-Streuung erfolgt in gleicher Weise in Vor- und Rückrichtung innerhalb der Faser, so daß man sie zur Dämpfungsmessung und Fehlerlokalisierung ausnutzen kann (so kam Abb. 1-2 zustande).

Neben dieser linearen Streuung, die bereits bei beliebig kleinen Leistungspegeln auftritt, existieren zwei Streumechanismen, die erst ab einer bestimmten Schwelleistung merklich in Erscheinung treten: die Raman- und die Brillouin-Streuung. Diese nichtlinearen Streuprozesse setzen relativ hohe Feldstärken voraus, die allerdings bei Monomodefasern durchaus schon bei einigen Milliwatt Strahlungsleistung erreicht werden können. Die Erhöhung der Sendeleistung ist damit u.U. ein zweifelhafter Weg zur Vergrößerung der Systemreichweite.

Strahlungsverluste treten auf, wenn geführte in nichtgeführte Moden umgewandelt werden, also Signalleistung aus dem Kern in den Mantel übergeht. Ursache dafür ist in jedem Falle eine - wie auch immer geartete - Verkleinerung des V-Parameters der Faser. Kerndurchmesser, Indexprofil und/oder numerische Apertur können herstellungsbedingt schwanken; dann sind die Strahlungsverluste eine intrinsische Fasereigenschaft. V-Para-

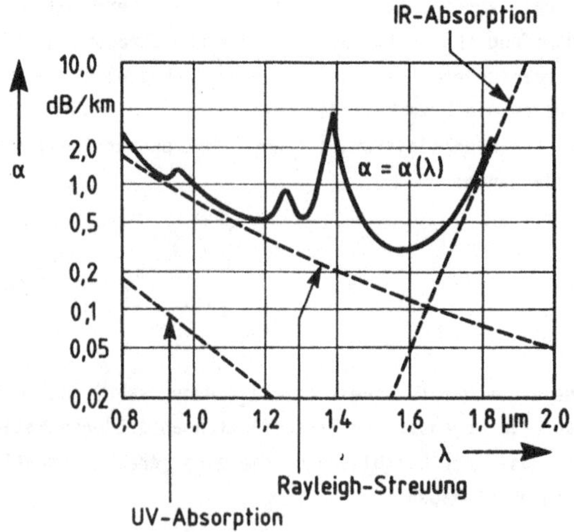

Abb. 1-3: Faserdämpfung

meteränderungen können der Faser aber auch von außen durch lokale Störungen aufgeprägt werden, etwa beim Ummantelungs- oder Verkabelungsprozess. Die weiterverarbeitete Faser zeigt dann eine höhere Dämpfung, als

im Ursprungszustand vorhanden war. Ursache dafür sind induzierte Mikrokrümmungen, die lokale Brechzahlschwankungen verursachen und damit die Wellenleitergrößen n(r), a und g verändern.
Eine typische Meßkurve für die Dämpfung einer Multimode-Gradientenfaser zeigt Abb. 1-3. Die gestrichelten Kurven beschreiben die Dämpfungsanteile durch Streuung, UV- und IR-Absorption, also die theoretische untere Grenze für die Faserdämpfung.

1.1.3 Modenmischung und Modendämpfungsprofil

Bislang wurde die Faser als ideal angesehen: sie ist ideal gerade ausgelegt und unterhalb der Grenzwellenlänge des höchsten Modes werden alle Moden gleichermaßen geführt und transportieren den gleichen Leistungsanteil. In der realen Faser sind davon Abstriche zu machen. Die Faserachse ist nicht gerade und Mikrokrümmungen beeinflussen den lokalen V-Parameter. Die Folge davon ist, daß Leistung von einem Mode in einen mehr oder weniger benachbarten koppeln kann, je nachdem wie wirksam die Störung ist. Insbesondere kann auch Leistung in Strahlungsmoden koppeln und sich im Fasermantel verlieren. Das führt dazu, daß besonders die höheren Moden an Leistung verarmen. Durch Modenkopplung wird diese Leistung von den niederen Moden her in einem gewissen Grade wieder aufgefüllt, bis sich ein dynamischer Gleichgewichtszustand, das sog. Modengleichgewicht oder die Modengleichsgewichtsverteilung (equilibrium mode distribution, EMD) eingestellt hat.

Die Dämpfung in einer Multimodefaser ist also genaugenommen keine konstante Größe, weil sie von der zunächst variablen Modenleistungsverteilung abhängt. Erst im Modengleichgewichtszustand beobachtet man eine statistisch stabile Modenleistungsverteilung und damit einen längenunabhängigen Dämpfungskoeffizienten.

Diese Modengleichgewichtsverteilung ist nun zwar ein Zustand, der sich nach einer gewissen Faserlänge irgendwann einstellen wird, er ist aber damit in der realen Faser keineswegs wohldefiniert und damit auch keine Größe, die meßtechnisch leicht zugänglich wäre. Bei allen Dämpfungsangaben bei Multimodefasern ist es daher notwendig, die Meßbedingungen - das angeregte Modenvolumen - genau zu kennen, wenn u.U. zweifelhafte Schlußfolgerungen vermieden werden sollen. Das gleiche gilt selbtsverständlich auch für alle Komponenten, die als integralen Bestandteil Multimodefasern enthalten.

Das Modenvolumen einer Faser wird durch den V-Parameter bestimmt, der seinerseits von den Variablen r, ϑ und λ abhängt. Eine Meßvorschrift zur Ermittlung der Eigenschaften einer Multimodefaser muß also für diese drei Größen plausible Werte festlegen, d.h. für den ausgeleuchteten Kernbereich, den Einstrahlwinkel und - weniger schwierig - die Meßwellenlänge.

Häufig wird die sog. 2/3-Anregung benutzt. Die Einkopplung wird so ausgelegt, daß nur 2/3 a und 2/3 A_N ausgeleuchtet werden. Da beide Größen quadratisch in die Modenanzahl bzw. das Modenvolumen eingehen, heißt das, daß in einer Stufenfaser nur 20%, in einer Gradientenfaser 40% aller möglichen Moden mit Leistung belegt sind (Grund für den Unterschied: In der GI-Faser sind wegen der ortsabhängigen numerischen Apertur ohnehin schon 50% weniger Moden angeregt, /1.3/).
Es hat sich gezeigt, daß dieses Meßverfahren bei Fasern realistischere Ergebnisse liefert als die sog. volle Anregung. Bei passiven faseroptischen Komponenten mit kurzen Faserlängen - Stecker, Koppler usw. - erscheint dagegen die angenähert volle Anregung aussagekräftiger (Modengleichverteilung im Gegensatz zu -gleichgewichtsverteilung).

1.1.4 Impulsverbreiterung und Übertragungsbandbreite

Es gibt zwei naheliegende Effekte, die die Übertragungsbandbreite einer Faser einschränken werden:

- die Multimodeverzerrung oder Modendispersion und
- die Dispersion oder Materialdispersion.

Dazu kommt noch ein Effekt, der besonders bei der Monomodefaser wichtig wird, nämlich

- die Wellenleiterdispersion.

Neben dieser Klassifizierung der Negativeinflüsse auf die Übertragungsbandbreite einer Faser gibt es andere, z.B. intermodale und intramodale Dispersion oder Modendispersion und chromatische Dispersion. Beschrieben wird mit all diesen Bezeichnungen das Phänomen, daß ein durch die Faser laufender Impuls am Faserende zeitlich breiter sein wird, als er es am Anfang war. Abb. 1-4 zeigt dies am Beispiel einer 11,5 km langen GI-Faser.

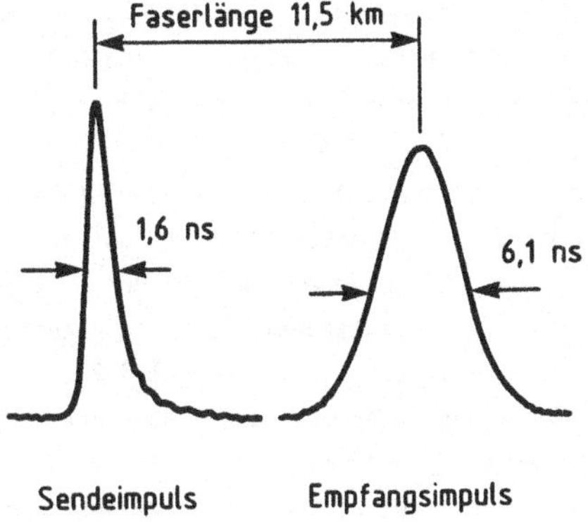

Abb. 1-4: Impulsverbreiterung auf einer GI-Faser

Multimodeverzerrung wird immer dann auftreten, wenn zum Leistungstransport durch die Faser mehrere Moden beitragen. Diese haben im allgemeinen unterschiedliche Ausbreitungskonstanten und unterschiedliche Gruppengeschwindigkeiten, so daß ein anfangs schmaler Impuls auf seinem

Weg durch die Faser allmählich breiter wird. Das Bandbreitenlimit der Faser wird dann erreicht sein, wenn zwei aufeinanderfolgende Impulse sich soweit verbreitert haben, daß sie am Faserausgang nicht mehr unterscheidbar sind.

Für die Stufenindex-Faser kann man die Wegunterschiede des niedrigsten und höchsten Modes geometrisch sehr einfach berechnen und kommt dann zu folgender Laufzeitdifferenz:

$$\Delta t = \frac{L \cdot n_1}{c} \cdot \Delta \qquad (1.29)$$

Setzt man hier typische Werte ein, etwa n = 1,48 und $\Delta = 0{,}014$, so erhält man pro Kilometer eine Impulsverbreiterung von 70 ns. Je nach Sendepulsform wird sich für eine Pulsfolgefrequenz von 10 bis 15 MHz der Amplitudenabstand von 0 und 1 nach einem Kilometer in etwa halbiert haben. Die Faser hat eine eine 3 dB-Bandbreite von 10 bis 15 MHz.

Die Stufenindex-Faser wird also in vielen Anwendungsfällen keine akzeptable Wahl sein, weil ihre Übertragungsbandbreite nicht ausreicht. Eine Verbesserung wäre nach (1.29) durch eine Verkleinerung der numerischen Apertur zu erzielen, allerdings mit dem Nachteil, daß die Ankopplung an optische Senderelemente verlustbehafteter wird (siehe 1.3.2). Ähnlich ist es mit der Verkleinerung des Kerndurchmessers oder überhaupt mit einer Verkleinerung des V-Parameters in Richtung Monomode. Die Übertragungsbandbreite wächst, aber sie tut dies auf Kosten des Koppelwirkungsgrades von Sender auf Faser.

Zu einer eindrucksvollen Verbesserung der Übertragungsbandbreit kommt es, wenn man denjenigen "Lichtwegen", die am längsten sind, die größte Ausbreitungsgeschwindigkeit mitgibt. Das gelingt dadurch, daß man die Brechzahl im Kern radial nach außen geringer werden läßt, also einen Indexgradienten einführt. Man kann mathematisch zeigen, daß der optimale Indexexponent nahe bei zwei liegt. Für diese Gradientenfaser mit nahe parabelförmigem Brechzahlprofil erhält man für die Modenlaufzeitverzerrung:

$$\Delta t = \frac{L \cdot n_1}{c} \cdot \frac{\Delta^2}{2} \tag{1.30}$$

Setzt man wie oben typische Werte ein, etwa n = 1,48 und Δ = 0,01 , so erhält man pro Kilometer eine Impulsverbreiterung von 250 ps. Man kann also einige GHz über einen Kilometer einer solchen Faser übertragen, bevor eine 3 dB S/N-Verschlechterung eintritt.

Bei der vorangegangenen Betrachtung wurde angenommen, daß die durch Modenlaufzeitverzerrung bedingte Impulsverbreiterung ein linear von der Faserlänge abhängender Effekt ist. Entsprechend kommt man dann zu einer Bandbreitenkennzahl für eine bestimmte Faser in MHz·km. In der Praxis ist es nun allerdings so, daß die höheren Moden - wie in 1.1.3 schon erwähnt - mehr bedämpft werden als die niedrigen Moden und daß die Modenleistungsverteilung von einer bestimmten Faserlänge an ein dynamisches Gleichgewicht annimmt. Die in der Faser transportierte Strahlungsleistung diffundiert ständig zwischen niedrigen und hohen Moden hin und her, so daß der statische Ansatz erheblich zu große Laufzeitdifferenzen liefert. Die tatsächliche Impulsverbreiterung auf einer Faser ist also deutlich geringer, als man nach den Beziehungen (1.29) und (1.30) ausrechnen würde. Besonders deutlich wird dies bei einer längeren zusammengesetzten Faserstrecke, bei der die Impulsverbreiterungen der Einzelstrecken bekannt sind. Ergibt sich aus der linearen Aufsummierung der Impulsverbreiterungen die Gesamtimpulsverbreiterung τ', so wird an der tatsächlichen, verbundenen Strecke ein Wert τ zu beobachten sein, der sich gemäß

$$\tau = \tau' \cdot \left(\frac{L}{L_c}\right)^{\gamma} \tag{1.31}$$

errechnet. Dabei liegt der Wert des Verkettungsexponenten γ zwischen 0,5 und 1,0, je nachdem, welcher Grad von Modenmischung in der betreffenden Faser vorhanden ist. Die Koppellänge L_C ist ein Maß dafür, nach welcher Faserlänge sich die Modengleichgewichtsverteilung eingestellt hat. Je intensiver in einer Faser Modenmischung auftritt, desto näher liegt der Wert des Verkettungsexponenten γ bei 0,5. Die Impulsverbreiterung nimmt dann proportional zur Wurzel aus der Streckenlänge zu. Abb. 1-5 zeigt eine entsprechende Messung. Hier wurde ein Verkettungsexponent von γ = 0,8 und eine Koppellänge von L_C = 1,25 km erhalten. Moderne Faser zeigen in beiden Größen einen Trend zu höheren Werten.

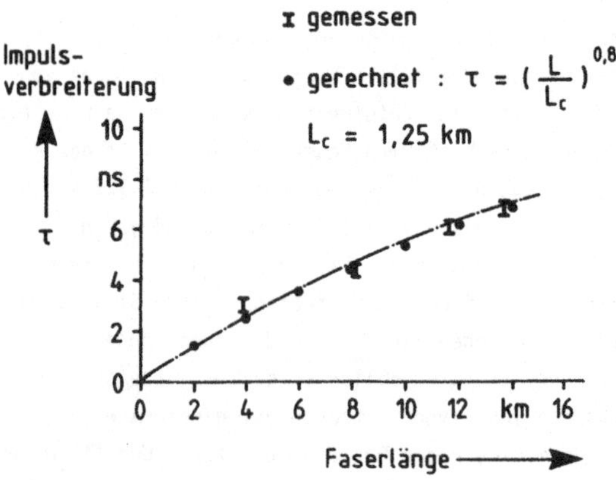

Abb. 1-5: Längenabhängigkeit der Impulsverbreiterung

Bei Monomodefasern, in denen definitionsgemäß nur ein Mode ausbreitungsfähig ist, tritt eine Multimodeverzerrung normalerweise nicht auf. Zeigt die Faser jedoch Doppelbrechung, also unterschiedliche Ausbreitungsbedingungen für die beiden orthogonalen Polarisationsrichtungen, so kommt es zu einer Aufspaltung des Fasergrundmodes in zwei senkrecht zueinander polarisierte Moden und es tritt Polarisationsdispersion auf. Dies ist ebenfalls eine Form der Multimodeverzerrung.

Die Dispersion oder Materialdispersion in einer Faser hat ihre Ursache darin, daß das zu übertragende Signal nicht streng monochromatisch ist und die Brechzahl eine Funktion der Wellenlänge ist. Unterschiedliche Spektralanteile haben demnach unterschiedliche Laufzeiten auf der Faser. Die Laufzeit t_g des Signalanteils der Wellenlänge λ kann nach folgender Beziehung ermittelt werden:

$$t_g = \frac{L}{c}\left(n - \lambda \cdot \frac{dn}{d\lambda}\right) \tag{1.32}$$

Dabei ist L wie üblich die Faserlänge, c die Vakuumlichtgeschwindigkeit und n die Kernbrechzahl. Der in der Klammer stehende Ausdruck ist der sog. Gruppenindex.

Interessanter als die absoluten Signallaufzeiten auf der Faser ist die Laufzeitstreuung Δt_g in Abhängigkeit von der spektralen Breite $\Delta\lambda$ des Signals:

$$\Delta t_g = \Delta\lambda \cdot \frac{d\,t_g}{d\lambda} \tag{1.33}$$

Mit (1.32) erhält man daraus:

$$\Delta t_g = -\frac{L}{c} \cdot \lambda \cdot \Delta\lambda \cdot \frac{d^2 n}{d\lambda^2} \tag{1.34}$$

Um die tatsächliche Impulsverbreiterung aufgrund von Dispersion ausrechnen zu können, braucht man also die funktionale Abhängigkeit der Brechzahl von der Wellenlänge $n = n(\lambda)$, deren zweite Ableitung man dann in (1.34) einzusetzen hat. Diesen funktionalen Zusammenhang liefert die empirische Sellmeier-Gleichung zusammen mit tabellierten Brechzahlwerten für bestimmte Wellenlängen /1.4/. Wesentliches Ergebnis ist, daß die Materialdispersion für die Quarzfaser im Bereich um 1,3 µm eine Nullstelle hat und daß sich ihr Vorzeichen demnach hier umkehrt. Abb. 1-6 zeigt den Verlauf der durch Dispersion verursachten Impulsverbreiterung in Abhängigkeit von der Übertragungswellenlänge. Die durchgezogene Kurve gilt für reines Quarzmaterial, die gestrichelte für Quarz mit 13% Germaniumanteil, für Verhältnisse also, wie sie in Fasermantel und Faserkern in etwa vorliegen.

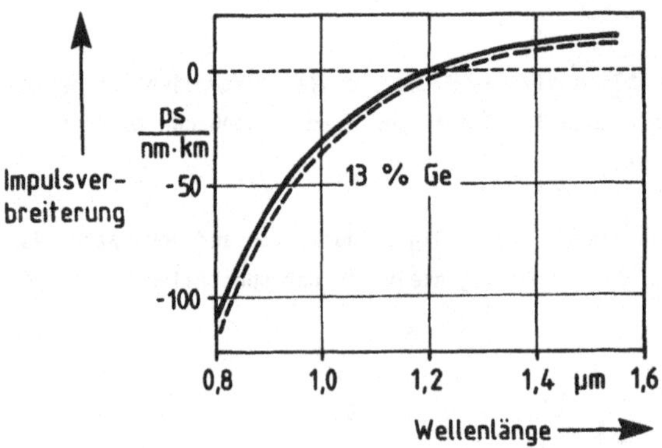

Abb. 1-6: Impulsverbreiterung durch Materialdispersion

Die Wellenleiterdispersion liefert einen weiteren Beitrag zur Impulsverbreiterung. Um hier einen praktisch benutzbaren Rechenausdruck zu bekommen, müßte man für die spezifische Faser und den betrachteten Mode die Ausbreitungskonstante als Funktion der Wellenlänge expliziert herleiten. Dies ist selbst näherungsweise recht schwierig.

Für vielmodige Fasern ist die Wellenleiterdispersion vernachlässigbar. Bei Monomodefasern kann sie dazu ausgenutzt werden, das Minimum der Gesamtdispersion spektral zu verschieben. Abb. 1-7 zeigt die Beiträge der einzelnen Dispersionsmechanismen zur Gesamtdispersion auf einer 11 km langen Monomodefaser. Theoretisch erscheinen auf Monomodefasern Bandbreiten-Längenprodukte von einigen hundert GHz·km erreichbar. Das setzt allerdings voraus, daß der Sender entsprechend geeignet, d.h. spektral schmalbandig ist.

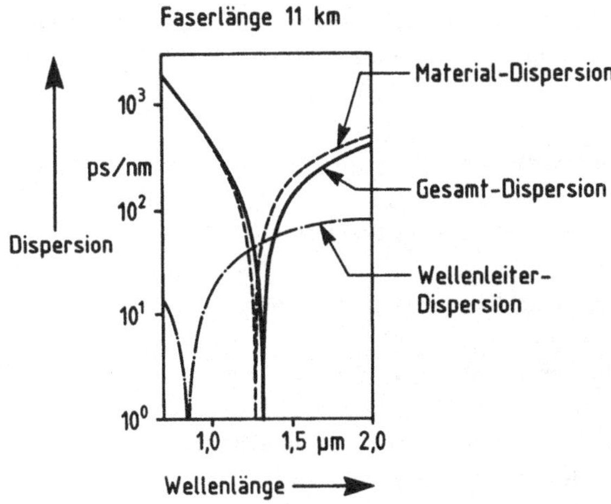

Abb. 1-7: Dispersion auf einer Monomodefaser

Im Systemkonzept muß daher eine sorgfältige Abstimmung von Sender und Faser erfolgen, wenn das Ziel ein optimal leistungsfähiges System ist.

1.1.5 Herstellungsverfahren

Die zur Zeit benutzten Fasern für Nachrichtenübertragung werden ganz überwiegend nach sog. CVD-Verfahren hergestellt (Chemical Vapor Deposition, chemische Abscheidung aus der Gasphase). Diese Verfahren liefern für das SiO_2-GeO_2-System - also für die Quarzglasfaser - die günstigsten Dämpfungswerte. Fasern aus Mehrkomponentengläsern oder plastikbeschichtete Quarzfasern (PCS-Fasern) haben preisliche Vorteile, sind aber nur für kurzreichweitige Systeme brauchbar. Bei den CVD-Verfahren werden gasförmige Ausgangsmaterialien in einer Sauerstoffatmosphäre thermisch zersetzt, wobei sich die entsprechenden Oxide bilden. Diese schlagen sich nieder und führen so bei einer entsprechenden Konzentrations- und Temperatursteuerung nach einer größeren Anzahl von Prozessschritten zur Faservorform. Das Brechzahlprofil ist hier bereits so, wie es in der Faser gewünscht wird. Die Vorform wird schließlich in einer geeigneten Heizvorrichtung bis zur Erweichung des Materials aufgeheizt und zur Faser ausgezogen.

Die wichtigsten Verfahren sind:

IVD : Innenbeschichtung eines Quarzrohrs

OVD : Außenbeschichtung einen Trägerstabes

VAD : Aufbau der Vorform in axialer Richtung

Bei dem letztgenannten Verfahren sind prinzipiell größere Faserlängen zu erzielen, als mit den beiden anderen /1.4/.

1.2 Die E/O- und O/E-Wandler

Die elektro-optischen und opto-elektrischen Wandler sind die Schnittstellen zwischen den elektrischen Systemteilen und der Faser bzw. dem Glasfaserkabel. Sie wandeln elektrische in optische Größen bzw. umgekehrt.

1.2.1 Grundlagen

Sender- und Empfänger für die optische Nachrichtenübertragung sind z.Z. und werden auch in Zukunft vorzugsweise Halbleiterbauelemente sein. Sie zeigen einen hohen Konversionswirkungsgrad, gute Betriebszuverlässigkeit und passen in ihren geometrischen Abmessungen gut zur Glasfaser.

Die energetischen Verhältnisse in einem Halbleiter lassen sich durch das sog. Bändermodell beschreiben /1.11/. Die an elektronischen Prozessen beteiligten Ladungsträger können im Valenz- und Leitungsband existieren, die den energetischen Abstand ΔE haben. Ein Übergang eines Ladungsträgers von einem zum anderen Band bedeutet jeweils, daß der Energiebetrag ΔE frei wird bzw. zugeführt werden muß.

Bei Sendeelementen wird diese Energie durch die Rekombination von Ladungsträgern frei, die unter der Einwirkung eines äußeren elektrischen Potentials in eine Halbleitersperrschicht injiziert werden. Ob die Rekombination zur Erzeugung von Photonen, also Strahlung, oder von Phononen, d.h. Wärme, führt, hängt davon ab, ob sie sich in einem direkten oder indirekten Halbleiter abspielt. In indirekten Halbleitern, wie Germanium oder Silizium, ist die Wahrscheinlichkeit der nichtstrahlenden Rekombination um mehrere Zehnerpotenzen größer als die der strahlenden Rekombination. Diese Elemente sind daher als Ausgangsmaterial für Sendeelemente nicht brauchbar.

In direkten Halbleitern, z.B. GaAs oder InP, führt dagegen die Ladungsträgerrekombination vorzugsweise zu strahlenden Übergängen, also zur Emission eines Photons. Diese Emission erfolgt spontan ohne äußeren Anlaß und ohne räumliche Vorzugsrichtung. Man spricht von Spontaner Emission. In Empfängerelementen, also O/E-Wandlern, erzeugt ein einfallendes Photon ein Elektron-Loch-Paar, das durch ein Potential getrennt wird und dann im äußeren elektrischen Kreis als Photostrom nachweisbar ist.

Mischkristalle, z.B. GaInAsP, können je nach Zusammensetzung das Verhalten von direkten oder indirekten Halbleitern zeigen.

Zwischen dem energetischen Bandabstand ΔE eines Photohalbleiters und der charakteristischen Wellenlänge λ besteht die Beziehung:

$$\Delta E = \frac{1239}{\lambda} \qquad (1.35)$$

Setzt man hier ΔE in eV ein, so ergibt sich λ in µm. Diese Wellenlänge ist für Sender die kurzwellige, für Empfänger die langwellige

Funktionsgrenze. Man kann also aus dem energetischen Bandabstand in etwa abschätzen, in welchem Wellenlängenbereich ein Bauelement brauchbar sein wird.

Das gibt folgende Einsatzbereiche für die verschiedenen Halbleitermaterialien:

Material	Bandabstand/eV	Wellenlänge/µm
Si	1,1	1,1
Ge	0,7	1,6
GaAs	1,42	0,87
GaAlAs	1,42...1,61	0,77...0,87
GaInAsP	0,75...1,3	1,1 ...1,67
GaAlAsSb	0,73...2,1	0,6 ...1,7

Für das erste Transmissionsfenster der Faser ist der Sender aus GaAlAs und der Si-Photodetektor eindeutig die optimale Kombination. Für das zweite und dritte Transmissionsfenster ist bislang nur GaInAsP als Ausgangsmaterial für Sender eine eindeutige Wahl; bei Detektoren ist die Entwicklung noch nicht abgeschlossen. Ge ist vom Bandabstand gut geeignet und in der Technologie ausgereift, zeigt aber ein unvermeidlich hohes Rauschen. Ternäre und quaternäre Materialien bereiten im Augenblick noch technologische Schwierigkeiten, so daß ihre an sich günstigen Eigenschaften nicht voll ausgenutzt werden können.

1.2.2 Die Lumineszenzdiode

Die LED (auch Leuchtdiode, lichtemittierende Diode oder infrarotemittierende Diode) wandelt einen injizierten elektrischen Strom in Strahlungsleistung um, wobei die Strahlungserzeugung über den Mechanismus der spontanen Emission erfolgt.
Die elektrische Kennlinie entspricht der einer in Durchlaßrichtung be-

triebenen p-n-Schicht, zeigt also die übliche exponentielle I-U-Charakteristik. Die Konversionskennlinie von Injektionsstrom I_F in Strahlungsleistung Φ sollte vom Rekombinationsmechanismus her eine Gerade mit dem internen Quantenwirkungsgrad η_i als Proportionalitätskonstante

$$\Phi = \eta_i \cdot I_F \tag{1.36}$$

sein. Tatsächlich aber bestehen zwischen den Ladungsträgerdichten und den Übergangswahrscheinlichkeiten für strahlende und nichtstrahlende Rekombination gegenseitige Abhängigkeiten, die dazu führen, daß die Kennlinie nur in einem bestimmten Aussteuerbereich als linear angesehen werden kann. Ein typisches Meßergebnis an einer bei 0,85 µm emittierenden GaAl/GaAlAs-LED zeigt Abb. 1-8.

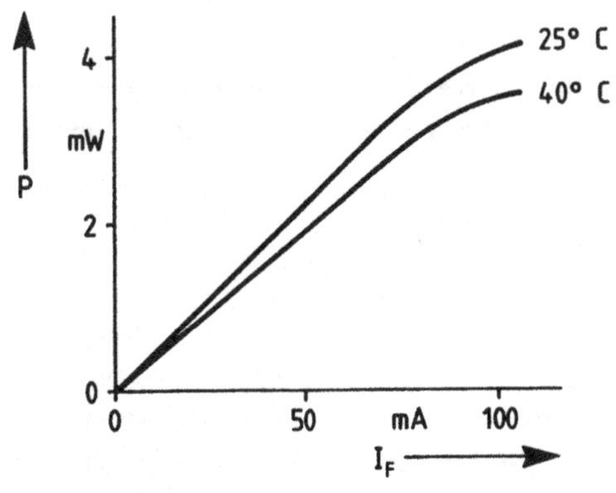

Abb. 1-8: Emissionskennlinie und Temperaturabhängigkeit einer LED

Es wird hier auch deutlich, daß die emittierte Strahlungsleistung bei konstantem Injektionsstrom I_F relativ stark von der Betriebstemperatur abhängig ist. Bei weiter Aussteuerung führt zudem die anfallende Verlustleistung zur Aufheizung des Kristalls, was sich in einem Absinken der emittierten Strahlungsleistung bemerkbar macht. Um diese Aufheizung in ihrer Auswirkung zu verringern, wählt man bei LEDs für die Glasfasertechnik die "upside down"-Montage, d.h. man legt den Rekombinationsbereich nahe zur Wärmesenke und reduziert so den Wärmewiderstand. Bei LEDs mit GaAs als Substratmaterial, die als Flächenemitter konzipiert sind, muß man dann den aktiven Bereich durch Wegätzen des Substrats freilegen, um die Strahlungsreabsorption gering zu halten. Das führt zu der "high radiance"- oder Burrus-Diode /1.4/. Bei InP, dem Substratmaterial für die längerwelligen LEDs gibt es das Problem der Reabsorption nicht, so daß hier bei der upside-down-Montage keine zusätzlichen Maßnahmen nötig sind.

Man kann bei GaAs/GaAlAs-LEDs etwa mit folgendem Temperaturkoeffizienten rechnen:

$$\frac{\Delta\Phi}{\Phi \cdot \Delta\vartheta} = -\,0{,}01 \quad /{}^\circ\mathrm{C} \tag{1.37}$$

Bei den Materialien für das zweite und dritte Fenster muß darüber hinaus mit einer etwa wellenlängenproportionalen Verschlechterung gerechnet werden.

Die Anstiegs- und Abfallzeiten und die Einschaltverzögerung der Emission als Antwort auf einen elektrischen "Sprung" und damit die Modulationsbandbreite hängen von der Trägerlebensdauer ab. Diese wiederum kann im Interesse eines guten internen Quantenwirkungsgrades nicht beliebig klein gemacht werden, so daß die LED kein Bauelement für sehr hohe Übertragungsraten ist. Man hat zwar einige hundert Mbit/s erreicht, bei noch akzeptablem Wirkungsgrad, aber hier beginnt dann auch die Übertragungsbandbreite der aus Kopplungsgründen notwendigen Multimode-Faser systembegrenzend zu werden, so daß hier die Weiterentwicklung ins Leere ginge.

Als im Augenblick sich abzeichnende Grenze kann man etwa 1 Gbit/s über 2 bis 3 Kilometer GI-Multimodefaser ansehen, was diese Kombination von Bauelementen gerade noch für den Einsatz in Breitbandsystemen im Teilnehmerbereich geeignet erscheinen läßt. Kosten und Zuverlässigkeit sind hier im Augenblick noch günstiger als man bei der Alternative Laser-Einmodenfaser vorhersagen kann.

Die räumliche Emissionscharakteristik der LED folgt bei Flächenemittern unmittelbar aus der spontanen Emission, die ja räumlich statistisch erfolgt. Die abstrahlende Fläche strahlt demnach auch in alle Raumrichtungen. Ein Empfänger sieht allerdings nur jeweils die Projektion dieser Fläche auf seine Blickrichtung, so daß die Strahlcharakteristik der LED folgender Beziehung gehorcht:

$$\Phi(\vartheta) = \Phi(0) \cdot \cos\vartheta \tag{1.38}$$

Dies ist das sog. Lambertsche Strahlungsgesetz und man nennt die flächenemittierende LED daher auch einen "Lambert-Strahler", wie es auch thermische Strahler sind. Die Ankopplung eines solchen Strahlers an eine Faser ist nicht sehr effektiv, siehe 1.3.2.

Eine andere Ausführungsform von LEDs sind die sog. Kantenemitter, die entlang der aktiven Zone an der Kristallperipherie abstrahlen. Die Strahldichte eines solchen Bauelements ist zunächst nicht höher, als die einer Burrus-Diode, so daß die Verwendung von Kantenemittern keine Vorteile bringt, wenn man nicht Vorkehrungen trifft, die Verlustleistung durch Verkleinerung des Rekombinationsbereiches zu verringern. Man kommt dann zu Strukturen, die denen von Laserdioden relativ ähnlich sind /1.4/.

1.2.3 Die Laserdiode

In den Ausgangsmaterialien und der Schichtenstruktur gibt es bei den beiden Sendertypen keine prinzipiellen Unterschiede. Der Laser hat nur zusätzlich einen optischen Resonator, in dem sich das zur Laseraktion notwendige stehende Feld aufbauen kann. Dieser Resonator entsteht z.B. durch Ritzen und Brechen des Halbleiterkristalls entlang einer Kristallebene, so daß zwei planparallele "Spiegel" senkrecht zur Rekombinationszone entstehen. Die Spiegelwirkung entsteht durch die hohe Brechzahldifferenz zwischen Halbleitermaterial und Luft - bei GaAs z.B. n = 3,5 gegenüber n = 1. Dadurch werden auch ohne zusätzliche Verspiegelung 35% der Strahlungsleistung in den Resonator zurückreflektiert und können so mit dem Mechanismus der induzierten Emission zur Ausbildung des stehenden Strahlungsfeldes beitragen. Die restlichen 65% werden abgestrahlt, sind also Resonatorverluste. Laseraktion setzt ein, wenn der Verstärkungsmechanismus über die induzierte Emission gerade alle Resonatorverluste ausgleicht. Man wird also erwarten, daß die Laserdiode unterhalb einer gewissen Injektionsstromstärke zunächst nur spontane Emission zeigt, bis bei einem gewissen Schwellstrom die induzierte Emission zu überwiegen beginnt. Daß diese Annahme durchaus zutreffend ist, zeigt Abb. 1-9.

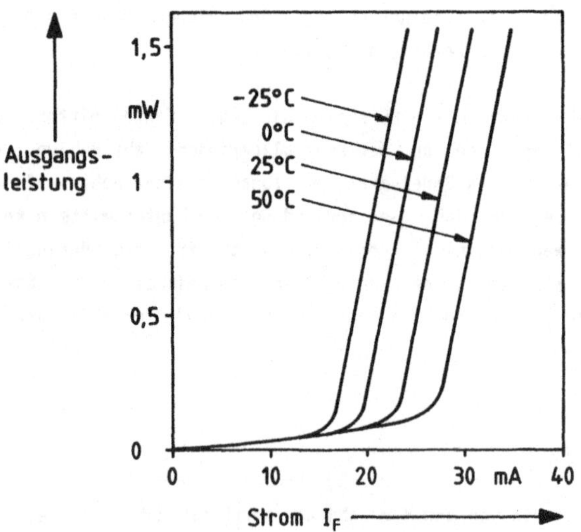

Abb. 1-9: Emissionskennlinie einer Laserdiode

Die Temperaturabhängigkeit ist ersichtlich stärker als bei der LED.

Würde man diese Laserdiode im Betrieb in einem festen elektrischen Arbeitspunkt festhalten, so würde man bei einer Temperaturänderung von etwa 40 Grad alle Betriebszustände von faktischer Nichtfunktion bis zur optischen Selbstzerstörung durch zu hohe Leistungsdichte auf den Spiegeln durchfahren. Dabei gibt es durchaus Laserdioden, die steilere Kennlinien haben, als die in Abb. 1-9 dargestellte. Es ist demnach empfehlenswert, die Laserdiode zusätzlich thermisch und/oder optisch auf den gewünschten Arbeitspunkt zu stabilisieren.

Die Abhängigkeit des Schwellstroms von der Temperatur läßt sich mit folgender Beziehung beschreiben:

$$I_S(\vartheta) = I(0) \cdot e^{\frac{\vartheta}{T_0}} \tag{1.39}$$

Dabei ist I(0) der Schwellstrom bei 0°C und T_0 eine charakteristische, vom betreffenden Halbleitermaterial und dem Laseraufbau abhängige Temperatur. Für T_0 muß man z.Z. etwa mit folgenden Werten rechnen:

GaAs/GaAlAs: T_0 = 150 .... 250 K

InP/GaInAs: T_0 = 50 .... 100 K

Die längerwelligen Laser haben also ein deutlich ungünstigeres Temperaturverhalten, so daß hier sowohl eine Temperaturregelung als auch eine optische Arbeitspunktstabilisierung nötig ist. Die Temperaturregelung erfolgt z.B über einen Thermistor zur Temperaturmessung und einen Peltierkühler zur Temperatureinstellung. Zur optischen Leistungsregelung erfaßt man die vom rückwärtigen Laserspiegel ausgehende Strahlungsleistung mit einem geeigneten Photodetektor und stellt über die so erhaltene Regelgröße dynamisch und/oder statisch den elektrischen Arbeitspunkt des Lasers, der ja über die Emissionskennline einer mittleren optischen Ausgangsleistung entspricht.

Aus der Emissionskennlinie ergibt sich der Quantenwirkungsgrad entsprechend:

$$\eta_q = \frac{\Phi}{I} \quad \frac{W}{A} \tag{1.40}$$

Für die elektrische Ansteuerung, den Arbeitspunkt und die Modulationsamplitude ist der differentielle Ouantenwirkungsgrad von Bedeutung:

$$\eta_d = \frac{d\Phi}{dI} \quad \frac{W}{A} \tag{1.41}$$

Aus der Laser-Emissionskennlinie gem. Abb. 1-9 lassen sich noch einige wichtige Begriffe und Definitionen herleiten, die dann auch in den entsprechenden Datenblättern auftauchen:

Für den Schwellstrom I_S gibt es mehrere Definitionen. Rein phänomenologisch entspricht I_S dem Knick in der Emissionskennlinie zwischen dem Bereich der spontanen Emission und dem der induzierten Emission. Da dieser Knick nun nicht scharf definiert ist, benutzt man die folgenden Hilfskonstruktionen zur Festlegung des Schwellstroms:

- I_S ist bestimmt durch den Schnittpunkt der Tangente an den Laserast der Emissionscharakteristik mit der Stromachse.

- I_S entspricht dem Strom, der durch den Schnittpunkt der beiden Tangenten an die geraden Äste der Emissionscharakteristik festgelegt wird.

- I_S ist derjenige Strom, bei dem gilt:

$$\frac{d^2\Phi}{dI^2} = 0 \quad , \quad I \neq 0 \tag{1.42}$$

Hier wird also der Knick der Emissionscharakteristik mathematisch exakt definiert. Das erscheint zunächst eine umständlichere Methode zu sein, als die beiden vorangegangenen. Da bei der Produktion und der nachfolgenden Messung der Laserdioden ohnehin meist rechnergesteuerte Meßplätze eingesetzt werden, ergibt sich kaum eine Erschwernis.

Keine dieser einzelnen Definitionen ist gegenüber den anderen in besonderem Maße richtig. Wenn man allerdings Schwellströme und daraus abgeleitete Größen einzelner Laser vergleichen will, empfiehlt sich die Beachtung der Definition. Ein möglichst niedriger Schwellstrom ist in jedem Falle ein Qualitätsmerkmal eines Lasers, da dadurch eine relativ geringere Verlustleistung angezeigt wird und Verlustleistung zu Erwärmung mit entsprechenden Problemen in der Arbeitspunktstabilisierung und unter Umständen zu gesteigerter Alterung führen kann.

Eine Größe, die bei der Systemkonzeption in den Störabstand am Empfänger eingeht, ist das Extinktionsverhältnis. Es ist definiert als der Quotient von Strahlungsleistung beim Schwellstrom und maximaler Strahlungsleistung:

$$\varepsilon = \frac{\Phi_S}{\Phi_{max}} \tag{1.43}$$

Der Grund dafür, daß man den Laser nicht von I = 0 auf I schaltet, liegt darin, daß die Modulationsbandbreite vom Arbeitspunkt abhängig ist. In Näherung gilt für die Einschaltverzögerung t :

$$t_d = \tau_S \ln\left(\frac{I - I_V}{I - I_S}\right) \tag{1.44}$$

Dabei ist τ_S die mittlere Trägerlebensdauer für die spontane Emission. Bei kommerziellen Laserdioden kann man etwa von $\tau_S = 2 \ldots 5$ ns ausgehen. Erst wenn der Vorstrom I_V durch den Laser nahe beim Schwellstrom liegt, wird die Einschaltverzögerung klein genug, so daß die Modulationsantwort im wesentlichen nur noch durch die Zeitkonstante aus dem dynamischen Innenwiderstand des Lasers von etwa 0,4 bis 2 Ohm und den Zuleitungskapazitäten bestimmt wird. Damit werden Modulationsbandbreiten im GHz-Bereich möglich.

Damit die Strahlungsverstärkung durch den Mechanismus der induzierten Emission effektiv geschieht, ist es notwendig, das Strahlungsfeld und den Rekombinationsbereich auf engem Raum zusammenzuhalten. Das läßt sich in Stromflußrichtung durch einen Schichtenaufbau mit Materialzusammensetzungen geeigneter Bandlücke ΔE und Brechzahl n erreichen. Senkrecht dazu, parallel zur Strahlrichtung, sind zwei prinzipiell unterschiedliche Methoden zur Führung des Strahlungsfeldes im Rekombinationsbereich gebräuchlich: die Gewinnführung (gain guiding) und die Indexführung (index guiding). Im ersteren Fall erlaubt man durch eine entsprechende Kontaktierung den Stromfluß nur in einem engen Bereich, so daß nur hier Ladungsträger injiziert werden und eine Verstärkung, ein Gewinn, durch induzierte Emission möglich wird (Streifenkontakt-Laser). Bei der Indexführung dagegen sorgt man durch eine Brechzahlabsenkung außerhalb des gewünschten Rekombinationsbereiches für eine definierte Führung des Strahlungsfeldes. Bei exakter Dimensionierung des Führungsbereiches erreicht man, daß der Laser transversal monomodig wird, also die Strahlungsemission immer an der gleichen Stelle des betrachteten Laserspiegels erscheint und nur ein Maximum hat. Wäre dies nicht der Fall, so müßte mit erheblichen Schwierigkeiten bei der Kopplung Laser-Faser und mit erheblichem Modenrauschen gerechnet werden.

Schwieriger ist es, den Laser auf einen longitudinalen Mode festzulegen. Darunter ist folgendes zu verstehen: Bei einer Resonatorlänge L wird sich eine stehende Feldverteilung nur für die Wellenlänge aufbauen können, die an den Spiegeln zu Schwingungsknoten führt:

$$L = \frac{m \cdot \lambda}{2 \cdot n} \tag{1.45}$$

m ist dabei eine ganze Zahl, die sich größenordnungsmäßig aus dem energetischen Bandabstand des betreffenden Lasermaterials und der Resonatorlänge ermitteln läßt. Für GaAs etwa erhält man:

$$\lambda = \frac{1239}{\Delta E} = \frac{1239}{1{,}424} \approx 0{,}87\ \mu m$$

$$n = 3{,}59 \quad \text{bei} \quad \lambda = 0{,}9\ \mu m \tag{1.46}$$

$$m \approx 3200$$

Ändert sich m um 1, so geht der Laser in den benachbarten longitudinalen Schwingungsmode über. Der logitudinale Modenabstand ergibt sich aus (1.45) zu:

$$\Delta\lambda = (\lambda_{m-1} - \lambda_m) \approx \frac{\lambda}{m} \tag{1.47}$$

m ist proportional zu L, so daß der longitudinale Modenabstand umso größer wird, je kürzer der Resonator gemacht wird.
Für das Beispiel in (1.46) erhält man einen longitudinalen Modenabstand von etwa 0,3 nm. Mißt man an einem solchen Laser etwa statisch eine Halbwertsbreite der spektralen Emission von 3 nm, so hat man einen Multimode-Laser vor sich, bei dem etwa 10 Moden mit einer Leistung von mehr als der halben Maximalleistung angeregt sind. Sehr wahrscheinlich ist dies dann ein gewinngeführter Laser. Ein indexgeführter Laser hat üblicherweise eine spektral schmalere Charakteristik. Häufig ist in einem statischen Arbeitspunkt im wesentlichen nur ein Mode angeregt. Bei Modulation mit entsprechender Austeuerung kann dies ganz anders sein. Dann zeigen auch indexgeführte Laser eine Verbreiterung der spektralen Emissionscharakteristik, da in der Modulationsperiode verschiedene Moden nacheinander anschwingen und wieder abklingen: Abb. 1-10. Eine stabile spektrale Lage der Laseremission und möglichst nur ein angeregter longitudinaler Mode sind für Monomodefaser-Systeme äußerst

wünschenswert, um die Dispersion möglichst wenig wirksam werden zu las-

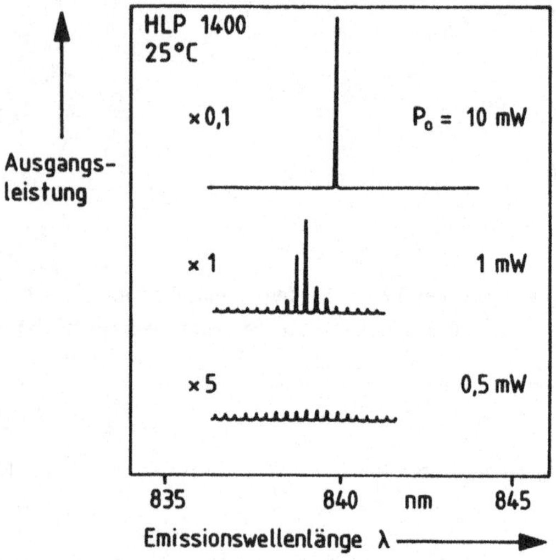

Abb. 1-10: Spektrale Emission eines indexgeführten Lasers

sen. Bei Systemen mit Multimodefasern dagegen ist es günstig, mit Lasern zu arbeiten, bei denen mehrere Moden gleichzeitig angeregt sind. Dadurch wird ständig über mehrere Modenbilder der Faser gemittelt, so daß das Modenrauschen verringert wird.

Die Temperaturabhängigkeit der spektralen Emission einer LD ergibt sich zum Teil aus der rein mechanischen Reaktion des Resonators auf eine Temperaturänderung, zum Teil aus einer Änderung des energetischen Bandabstandes. Die spektrale Lage der Laseremission verschiebt sich dementsprechend bei Temperaturerhöhung nach einer Art Treppenfunktion in Richtung längerer Wellenlänge. Für GaAs-GaAlAs-Bauelementen muß man mit einer Verschiebung von etwa 0,3 nm/K rechnen, bei InP-GaInAs etwa mit 0,5 nm/K.

Hohe Modulationsbandbreiten, zu denen der Halbleiterlaser von seinem geringen dynamischen Innenwiderstand her prädestiniert scheint, sind besonders gut zu erreichen, wenn gleichzeitig die Sperrschichtkapazität klein gehalten werden kann. Später im Kapitel Koppeltechnik wird sich zeigen, daß zu einer effektiven Ankopplung des Lasers an eine Faser eine hohe Strahldichte nötig ist, also nicht eine hohe Gesamtstrahlungsleistung, sondern eine hinreichende Strahlungsleistung pro strah-

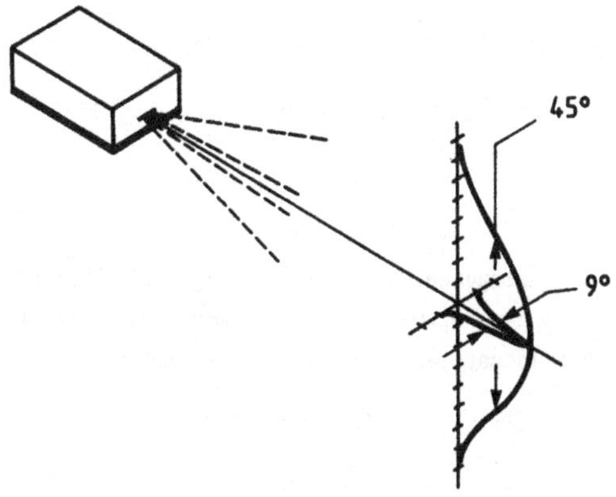

Abb. 1-11: Emissionsdiagramm eines Halbleiterlasers

lender Fläche und Raumwinkelbereich. Die strahlende Fläche kann mithin relativ geringe Abmessungen haben. Bei z.Z. üblichen Lasern ist der emittierende Bereich etwa 4 bis 10 µm breit und weniger als 1 µm dick. Daraus ergibt sich - durch Beugung hervorgerufen - eine ausgeprägte Aufweitung der Strahlkeule senkrecht zur aktiven Zone, während parallel dazu die Strahlkeule relativ eng bleibt. Eine Laserdiode hat also senkrecht und parallel zur aktiven Zone unterschiedliche Strahldichten, ein Umstand, der die Ankopplung an eine Faser erschwert. Das typische Emissionsdiagramm eines Halbleiterlasers ist in Abb. 1-11 dargestellt.

1.2.4 Die Photodetektoren

Als Empfangselemente für die optische Nachrichtentechnik eignen sich vorzugsweise Halbleiterdetektoren. Der Strahlungsfluß Φ, der auf die strahlungsempfindliche Fläche des Detektors fällt, erzeugt hier Ladungsträgerpaare, die in der Sperrschicht getrennt werden und dann im äußeren elektrischen Kreis als Photostrom I_p nachweisbar sind.

Pro Zeiteinheit treffen z.B. n_p Photonen der Energie $h \cdot \nu$ auf die Detektorfläche. Das entspricht dem Strahlungsfluß:

$$\Phi = n_p \cdot h \cdot \nu = n_p \cdot \frac{c}{\lambda} \tag{1.48}$$

Für den Photostrom ergibt sich entsprechend:

$$I_p = n_e \cdot q \tag{1.49}$$

wobei n_e die Anzahl der erzeugten Elektronen und q die Elementarladung ist. Das Verhältnis der Anzahl erzeugter Elektronen zu der Anzahl einfallender Photonen bezeichnet man als den Quantenwirkungsgrad des Detektors:

$$\eta_q = \frac{n_e}{n_p} \tag{1.50}$$

Je näher η_q bei dem Wert eins liegt, desto besser ist der Detektor für den betreffenden Anwendungsfall geeignet.

Für den praktischen Gebrauch ist eine andere Größe, die spektrale Photoempfindlichkeit S_λ, ein leichter handhabbares Gütekriterium für einen Photodetektor. Man definiert:

$$S_\lambda = \frac{I_p}{\Phi} = \eta_q \cdot \lambda \cdot \frac{q}{h \cdot c} \tag{1.51}$$

Aus dieser Beziehung läßt sich ablesen, daß ein idealer Photodetektor mit dem Quantenwirkungsgrad $\eta_q = 1$ einen sägezahnförmigen Verlauf der spektralen Photoempfindlichkeit zeigen sollte. S_λ steigt proportional zur Wellenlänge an, bis die Photonenenergie gemäß (1.35) so klein geworden ist, daß sie zur Überwindung des energetischen Bandabstandes des betreffenden Halbleitermaterials nicht mehr ausreicht. Bei dieser "langwelligen Grenze" fällt die spektrale Empfindlichkeit dann auf Null. Praktische Photodetektoren zeigen dieses Verhalten nur angenähert. Siehe Abb. 1-12.

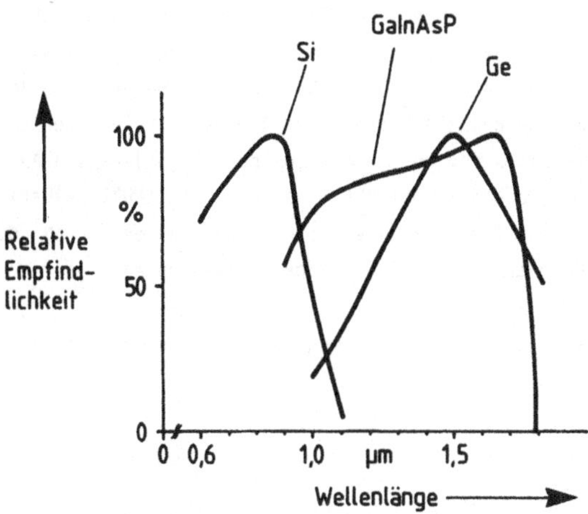

Abb. 1-12: Spektrale Photoempfindlichkeit von Detektoren

Kennt man also die spektrale Photoempfindlichkeit eines Detektors für die betreffende Betriebswellenlänge, so kann man den einer bestimmten Strahlungsleistung Φ entsprechenden Photostrom berechnen:

$$I_p = S_\lambda \cdot \Phi \tag{1.52}$$

Die elektrische Kennlinie entspricht der üblichen Diodenkennlinie, allerdings verschoben um den Photostrom I_p:

$$I = I_d \cdot (e^{\frac{q \cdot U}{kT}} - 1) - I_p \tag{1.53}$$

Dabei ist I_d der Dunkelstrom, der die Verwendbarkeit des Detektors in Richtung abnehmender Strahlungsleistung begrenzt.

Bei der praktischen Realisierung von Photodetektoren lassen sich zwei Prinzipien unterscheiden: Die Photodiode ohne interne Verstärkung in pn- oder vorzugsweise pin-Struktur und die Avalanche-Photodiode, bei der der Photostrom durch den Lawinen- oder Avalanche-Effekt intern verstärkt wird. Der Mechanismus, mit dem das geschieht, beruht auf Ladungsträgermultiplikation durch Stoßionisation, setzt also relativ hohe Feldstärken und damit Spannungen an den elektrischen Anschlüssen des Bauelementes voraus. Diesem Nachteil steht der Vorteil gegenüber, daß der Photostrom selektiv verstärkt wird, und sich so der Signal-Rausch-Abstand vergrößern läßt. Andererseits entsteht dabei auch ein "Multiplikationsrauschen", so daß es für die jeweilige Systemkonstellation einen definierten optimalen Arbeitsbereich gibt. Näheres dazu in Kap. 3.3.

Einen Überblick über die Eigenschaften von Photodetektoren gibt /1.12/.

1.3 Koppeltechnik

1.3.1 Grundlagen

In einem verlustfreien optischen System ist die Strahldichte L eine Invariante. Sie kann durch keine noch so intelligente optische Maßnahme vergrößert werden. Es gilt

$$\Delta F \cdot \Delta\Omega = \text{const.} \tag{1.54}$$

wobei ΔF die in den Raumwinkel $\Delta\Omega$ strahlende Fläche ist. Die gesamte von einem Sender abgegebene Strahlungsleistung ist:

$$P_S = \int_F \int_\Omega L(r,\vartheta,\varphi)\, dF\, d\Omega \tag{1.55}$$

Dabei ist $L(r,\vartheta,\varphi)$ die Strahldichtefunktion bzw. die Emissionscharakteristik des strahlenden Flächenelementes. Der Koppelwirkungsgrad von Sender auf Empfänger ist:

$$\eta = \frac{P_E}{P_S} \tag{1.56}$$

wobei P_E die vom Empfänger akzeptierte Strahlungsleistung ist. Entsprechend ergibt sich die Koppeldämpfung zu:

$$\alpha_C = -10 \cdot \log \eta \qquad \text{dB} \tag{1.57}$$

P_E läßt sich aus Reziprozitätsgründen aus (1.55) ermitteln, indem nur über die vom Empfänger gesehenen Bereiche integriert wird. Gegebenenfalls muß L dabei mit einer empfängerbezogenen Akzeptanzfunktion gewichtet werden.

1.3.2 Kopplung Sender-Faser

Der einfachste Fall ist hier die Kopplung einer flächenemittierenden LED auf eine Stufenindex-Faser. Die LED hat eine Emissionscharakteristik gemäß:

$$L = L_0 \cdot \cos \vartheta \tag{1.58}$$

Der Durchmesser der strahlenden Fläche sei 2 R, so daß man für die gesamte in den Halbraum abgegebene Strahlungsleistung erhält:

$$P_S = L_0 \int_0^R r\, dr \int_0^{2\pi} d\varphi \int_0^{\pi/2} \sin\vartheta \cos\vartheta\, d\vartheta \tag{1.59}$$

$$P_S = L_0 \pi^2 R^2 \tag{1.60}$$

Die Faser akzeptiert Stahlungsleistung, die mit dem Grenzwinkel

$$\vartheta' = \arcsin A_N \tag{1.61}$$

auf ihre Kernfläche mit dem Durchmesser 2 a fällt. Daraus ergibt sich

$$P_E = L_0 \int_0^a r \cdot dr \int_0^{2\pi} d\varphi \int_0^{\vartheta'} \sin\vartheta \cos\vartheta \, d\vartheta = L_0 \pi^2 a^2 \sin^2 \vartheta' \tag{1.62}$$

Da $\sin \vartheta = A_N$ ist, folgt:

$$P_E = L_0 \pi^2 a^2 A_N^2 \tag{1.63}$$

Man erhält demnach für den Koppelwirkungsgrad:

$$\eta_C = \frac{a^2}{R^2} \cdot A_N^2 \tag{1.64}$$

Sind die beteiligten Flächen gleich groß - das ist bei vorgegebener Strahldichte der LED die sinnvollste Konfiguration -, dann ist der Koppelwirkungsgrad gleich dem Quadrat der Numerischen Apertur der Faser. Hat A_N einen Wert um 0,2, so kann man also nur mit wenigen Prozent eingekoppelter Senderleistung rechnen. Bei einer LED mit einer Gesamtstrahlungsleistung im mW-Bereich sind also einige 10 µW in der Faser zu erwarten.

Noch etwas ungünstigere Verhältnisse ergeben sich für die GI-Faser. Nach Beziehung (1.15) erhält man für sie näherungsweise den Koppelwirkungsgrad:

$$\eta_C = \frac{g}{g+2} A_N^2 \qquad (1.65)$$

Bei g = 2 bekommt man also nur die halbe Leistung in die Faser.

Die Ankopplung einer LED an eine Monomodefaser ist unter Beachtung von Beziehung (1.63) offenbar wenig sinnvoll. Außerdem wäre diese Kombination auch von der Dispersion her ungünstig (siehe 1.1.4 und 1.2.2).

Die Berechnung des Koppelwirkungsgrades von Laserdioden und Fasern läßt sich ebenfalls nach dem obigen Schema erledigen. Der mathematische Aufwand ist allerdings entsprechend höher, da die Strahldichtefunktion des Lasers komplizierter aussieht, als dies bei der flächenemittierenden LED der Fall ist. Entsprechendes gilt für die kantenemittierende LED. Die erreichbaren Koppelwirkungsgrade bei stumpfer Ankopplung - darunter versteht man das direkte Gegenüberstellen von Laser und Faserstirnfläche ohne irgendeine Abbildung - liegen bei ca. 20 bis 30% für Multimodefasern.

Da bei der Laserdiode die emittierende Fläche in der Regel kleiner ist, als die Kernfläche der Faser, lohnt sich hier die Verwendung abbildender Elemente zur Transformation der Strahldichte. Man erreicht bei den z.Z. gebräuchlichen Dauerstrich-Laserdioden ohne zu großen Aufwand Koppelwirkungsgrade von etwa 80% bei Multimode-GI-Fasern und etwa 30% bei Monomodefasern.

1.3.3 Kopplung Faser-Empfänger

Strahlungsempfänger bzw. Photodetektoren sind üblicherweise flächige Bauelemente, die aus einem relativ großen Raumwinkelbereich Strahlungsleistung akzeptieren. Entsprechend wenig kritisch ist im allgemeinen die Faseranankopplung. Der Koppelwirkungsgrad ergibt sich einfach aus dem Verhältnis der Empfängerfläche zu der von der Faser im gleichen Abstand ausgeleuchteten Fläche. Bei kleinen Empfängerflächen, wie sie aus

Rauschgründen u.U. notwendig sein können, kann eine Aperturtransformation mit abbildenden Elementen sinnvoll sein.

Die erreichbaren Koppelwirkungsgrade liegen daher im allgemeinen nahe bei 1, wenn man die eventuelle Reflexion am Fenster des Empfängergehäuses vernachlässigt.

1.3.4 Kopplung Faser-Faser

Bei der Kopplung von Fasern untereinander lassen sich zwei verschiedene Gruppen von Verlustmechanismen unterscheiden:

- Intrinsische Dämpfungsursachen; hierunter versteht man Fehlanpassungen der Faserkenngrößen in der Koppelstelle.

- Extrinsische Dämpfungsursachen; dies sind mechanische Fehler in der Koppelstellenrealisierung und eventuelle Reflexionsverluste.

Der Einfluß der intrinsischen Dämpfungsursachen läßt sich leicht mit Hilfe des Strukturparameters V abschätzen, wenn man annimmt, daß jeder ausbreitungsfähige Mode den gleichen Leistungsanteil transportiert. Der Koppelwirkungsgrad ergibt sich dann einfach aus dem Verhältnis der Anzahlen ausbreitungsfähiger Moden vor und nach der Koppelstelle.

$$\eta_c = \frac{N_2}{N_1} \qquad (1.66)$$

Ist jeweils nur eine der Faserkenngrößen Indexexponent, Kernradius oder Numerische Apertur fehlerbehaftet, so erhält man:

$$\eta_g = \frac{g_2(g_1 + 2)}{g_1(g_2 + 2)} \qquad (1.67)$$

$$\eta_a = \left(\frac{a_2}{a_1}\right)^2 \tag{1.68}$$

$$\eta_{A_N} = \left(\frac{A_{N2}}{A_{N1}}\right)^2 \tag{1.69}$$

Der entsprechende Dämpfungsbeitrag in dB ergibt sich jeweils entsprechend:

$$\alpha_C = -10 \cdot \log \eta \tag{1.70}$$

Bei kleinen Fehlanpassungen kann man die einzelnen Dämpfungsbeiträge als voneinander unabhängig ansehen, so daß die Beziehung

$$\frac{dN}{N} = \frac{1}{2}\ \frac{dg}{g} + 2\ \frac{da}{a} + 2\ \frac{dA_N}{A_N} \tag{1.71}$$

abzuschätzen erlaubt, welche Einzeltoleranzen auftreten dürfen, wenn ein vorgegebener Gesamtdämpfungswert entsprechend

$$\alpha_C \leq -10 \cdot \log\left(1 - \frac{dN}{N}\right) \tag{1.72}$$

nicht überschritten werden soll.

Schwieriger ist die Rechnung zur Ermittlung der extrinsischen Dämpfungsbeiträge, die durch einen Versatz der Faserachsen x, eine Verkippung der Faserachsen um den Winkel Ψ und ggf. einen Abstand s der Faserstirnflächen zustande kommen. Hier müßten die Oberlappungsintegrale für den konkreten Fall gelöst werden, was erheblichen Rechenaufwand nötig macht. Da der Modenfüllgrad im Anwendungsfall sehr unterschiedlich sein kann und die Messung der Einflußgrößen außerdem nicht unproblematisch ist, sollen hierzu nur Näherungsbeziehungen angegeben werden, die für GI-Fasern mit einer Numerischen Apertur von etwa 0,2 bei nicht zu großen Fehlern brauchbare Ergebnisse liefern. Die Koppelwirkungsgrade beim Vorliegen der einzelnen mechanischen Fehler sind:

Versatz: $$\eta_x \approx 1 - \frac{2}{\pi} \cdot \frac{x}{a} \tag{1.73}$$

Verkippung: $$\eta_\psi \approx 1 - \frac{2}{\pi} \cdot \frac{\psi}{\vartheta} \tag{1.74}$$

Abstand: $$\eta_s \approx 1 - \frac{1}{2\pi} \cdot \frac{s}{a} \tag{1.75}$$

Dazu kommt es bei Faserverbindungen, die nicht verschweißt, verklebt oder immersiert sind, zur Reflexion von Strahlungsleistung an zwei Glas-Luft-Grenzflächen, z.B. also an Steckern. Der Einfluß davon auf den Koppelwirkungsgrad ist:

Reflexion: $$\eta_R = 1 - R \tag{1.76}$$

wobei der Reflexionskoeffizient R zwischen 0 und 0,14 schwanken kann, je nachdem, wie groß der Abstand zwischen den Faserstirnflächen und wie gut ihre optische Qualität ist. Der jeweilige Dämpfungbeitrag ergibt sich wieder gemäß (1.70). Siehe dazu auch 1.4.2.

Setzt man in die obigen Beziehungen konkrete Werte ein, z.B. $a = 25$ µm, $\vartheta = 11°$, so zeigt sich, daß zur Erzielung einer dämpfungsarmen Koppelstelle Längentoleranzen im Mikrometer- und Winkeltoleranzen im Zehntelgrad-Bereich gefordert sind.

Für Monomodefasern gelten die obigen Näherungsbeziehungen nur dem Trend nach. Längentoleranzen wirken sich geringer aus, Winkeltoleranzen dagegen stärker, als nach einer sinngemäßen Übertragung der einzelnen Beziehungen auf den Monomode-Fall zu erwarten wäre. So kann man auch für Monomodefasern sehr dämpfungsarme Koppelstellen realisieren, ohne daß die Toleranzanforderungen sehr wesentlich strenger wären, als bei Multimodefasern. Näheres dazu z.B. bei /1.8/ und /1.13/.

Für die Systemplanung kann man etwa von folgenden Dämpfungswerten für Koppelstellen ausgehen:

Stecker α_C = 0,5 bis 2,0 dB

Spleiß α_S = 0,05 bis 0,3 dB,

wobei die jeweils günstigeren Werte für Stecker an Multimode-Fasern gemessen wurden, für Spleiße an Monomode-Fasern.

1.4 PASSIVE FASEROPTISCHE KOMPONENTEN

1.4.1 Grundlagen und Definitionen

Unter dem Begriff "passive faseroptische Komponenten" sind alle diejenigen Bauteile eines Glasfaser-Übertragungssystems zu verstehen, die in irgendeiner Weise eine Übertragungs- , Sammel- oder Verteilungsfunktion für Strahlungsleistung haben, ohne dabei selbst die Leistungsform oder die Strahlungswellenlänge zu beeinflussen, z.B. also

- Stecker und Spleiße
- Koppler und Schalter
- Multiplexer/Demultiplexer
- Dämpfungsglieder

- Isolatoren u.a.m.

Dazu kommen noch Bauelemente, die nicht mehr vollständig in die obige Definition passen, wie z.B. Modulatoren und Polarisationssteller, weil sie die Strahlung in aktiver Weise beeinflussen. Modulatoren erzeugen Seitenbänder und Polarisationssteller erzeugen eine bestimmte Polarisationsrichtung, die u.U. im ursprünglichen Signal nicht vorhanden war. Für Systeme mit kohärentem Empfang, wie sie etwa in fünf bis zehn Jahren zum Einsatz kommen werden, werden derartige Bauelemente eine gesteigerte Bedeutung haben.

Zur physikalischen Beschreibung des Verhaltens eines solchen passiven faseroptischen Bauelements bietet es sich an, ein Koeffizientenschema, die sog. Transmissionsmatrix, zu benutzen: Einem Bauelement mit n Toren entspricht dann eine quadratische n·n-Matrix $((t_{m,n}))$, wobei das Matrixelement t_{ik} den Leistungsübertrag vom Tor k zum Tor i beschreibt:

$$P_i = t_{ik} \cdot P_k \tag{1.77}$$

bzw.:

$$t_{ik} = \frac{P_i}{P_k} \tag{1.78}$$

Ausführlicher geschrieben:

$$((t_{m,n})) = \begin{pmatrix} t_{11} & \cdots & t_{1n} \\ \vdots & & \vdots \\ t_{m1} & \cdots & t_{m,n} \end{pmatrix} \tag{1.79}$$

Es muß beachtet werden, daß die einzelnen Matrixelemente häufig von der Strahlungswellenlänge und/oder der Polarisation abhängig sind, so daß ein Wert von z.B. t_{ik} nur für einen bestimmten Zustand wohldefiniert

ist.
Wäre das Bauelement reziprok, dann würden $n^2/2$ Matrixelemente zur vollständigen Beschreibung ausreichen, weil dann

$$t_{ik} = t_{ki} \tag{1.80}$$

gelten würde. Nun kommt aber bereits durch die intrinsischen Koppelstellenfehler der beteiligten Fasern eine hinreichend große Nichtreziprozität zustande, so daß diese Vereinfachung in der Regel nicht zulässig sein wird.

Die Matrixelemente der Hauptdiagonale, also diejenigen mit zwei gleichen Indizes $i = k$, beschreiben den Leistungsrückfluß auf der Sendeleitung. Die Ursache davon sind Reflexion und Streuung.

Die zu jedem Transmissionskoeffizienten gehörige Dämpfung ergibt sich gemäß:

$$\alpha_{ik} = -10 \cdot \log t_{ik} \tag{1.81}$$

Die gesamte für den Kanal ik gültige Einfügungsdämpfung des Bauelements erhält man dann aus:

$$\alpha_{ik} = -10 \cdot \log \left(1 - \sum_{n \neq i} t_{nk} \right) \tag{1.82}$$

Betrachtet man etwa eine Faserlänge L, in die man am Eingang die Leistung P_1 einkoppelt und die Leistung P_2 am Ausgang erhält, als symmetrisches Zweitor, so läßt sich nach dem Transmissionsmatrix-Formalismus folgendes Koeffizientenschema angeben:

$$\begin{pmatrix} t_{11} & t_{12} \\ t_{21} & t_{22} \end{pmatrix} \tag{1.83}$$

Die Dämpfung dieser Faserlänge ist dann:

$$\alpha_{21} = -10 \cdot \log\ t_{21} \tag{1.84}$$

Entsprechend erhält man für die Rückflußdämpfung:

$$\alpha_{11} = -10 \cdot \log\ t_{11} \tag{1.85}$$

Die in der entgegengesetzten Übertragungsrichtung ermittelten Werte α_{12} und α_{22} werden sich von diesen häufig dann unterscheiden, wenn die Länge L aus zwei nichtidentischen Fasern mit einem Spleiß oder Stecker dazwischen zusammengesetzt ist.

Ein symmetrisches 2n-Tor mit n Eingängen und n Ausgängen läßt sich in der folgenden Form darstellen:

$$\left(\begin{array}{ccc|ccc} t_{11} & \cdots & t_{1n} & t_{1,n+1} & \cdots & t_{1,2n} \\ \vdots & & \vdots & \vdots & & \vdots \\ t_{n,1} & \cdots & t_{n,n} & t_{n,n+1} & \cdots & t_{n,2n} \\ \hline t_{n+1,1} & \cdots & t_{n+1,n} & t_{n+1,n+1} & \cdots & t_{n+1,2n} \\ \vdots & & \vdots & \vdots & & \vdots \\ t_{2n,1} & \cdots & t_{2n,n} & t_{2n,n+1} & \cdots & t_{2n,2n} \end{array}\right) = \left(\begin{array}{c|c} A & B \\ \hline C & D \end{array}\right) \tag{1.86}$$

Dabei gilt:

- Die Matrixelemente in den Bereichen A und D beschreiben Störgrößen wie Nebensprechen, Reflexion und Streuung. Sie sollten daher möglichst klein sein.

- Die Matrixelemente in den Bereichen B und C sind die Koppelkoeffizienten zwischen Ein- und Ausgängen. Die Spaltensummen sollten daher möglichst nahe bei 1 liegen.

Diese Art der Beschreibung eines passiven faseroptischen Bauelements ist übersichtlich und einfach in der Handhabung. Man darf jedoch nicht übersehen, daß das Bauelement mit einer Transmissionsmatrix u.U. durchaus nicht vollständig charakterisiert sein kann, ganz besonders nicht, wenn es sich in einem Multimode-System im Einsatz befinden wird. Die Matrixelemente beschreiben nur den integralen Leistungsübertrag von einem Tor zum anderen, sie unterschlagen die Transformation der Modenleistungsverteilung durch das Bauelement, die u.U. zu unerwarteten Auswirkungen im Einsatz führen kann.

1.4.2 Stecker und Spleiße

Diese Gruppe der passiven faseroptischen Bauelemente wurde im Abschnitt Kopplung schon behandelt, so daß an dieser Stelle nur noch wenig zu ergänzen ist, um sie in das allgemeine Beschreibungsschema einzufügen. Die Transmissionsmatrix ist:

$$\begin{pmatrix} t_{11} & t_{12} \\ t_{21} & t_{22} \end{pmatrix} \tag{1.87}$$

Die beiden Reflexionskoeffizienten sind t_{11} und t_{22}, die beiden Einfügungsdämpfungen ergeben sich aus t_{21} und t_{12} entsprechend (1.80). Unterscheiden sich die beiden Dämpfungswerte, so liegen offensichtlich intrinsische Koppelstellenverluste vor.

Die Reflexionskoeffizienten von Spleißen in Schweißtechnik werden in der Regel so klein sein, daß sie kaum meßbar sind. Bei Steckern mit direkter Faserkopplung bilden die beiden einander gegenüberstehenden Faserstirnflächen einen Fabry-Perot-Resonator, so daß alle vier Matrixelemente eine Wellenlängenabhängigkeit aufweisen werden. Die Reflexion und damit die Steckerdämpfung können im schlimmsten Falle um 0,7 dB schwanken, ein

Umstand, der in der Leistungsbilanz des Systems stört und, wenn sich der Stecker in Lasernähe befindet, zu Rückwirkungsrauschen führen kann. Insbesondere bei Monomode-Systemen ist die Steckerreflexion problematisch, so daß man u.U. Laser und Stecker durch einen Isolator entkoppeln muß, wenn es nicht durch andere Maßnahmen gelingt, die Reflexion am Stecker zu unterdrücken. Die einfachste Methode ist das Einbringen einer sog. Indexanpassung zwischen die beiden Faserstirnflächen, etwa einer Flüssigkeit oder einer transparenten Paste, deren Brechzahl in etwa der des Faserkerns entspricht. Diese Methode wird benutzt, aber bislang bestehen noch Zweifel daran, daß damit eine hinreichende Langzeitstabilität und Betriebszuverlässigkeit erreicht werden kann. Eine andere Lösungsmöglichkeit ist der Stecker "ohne" Abstand zwischen den Faserstirnflächen. Sobald dieser Abstand klein wird gegen die Strahlungswellenlänge verringert sich auch der Reflexionsfaktor. Stecker dieser Art sind realisiert worden, aber die notwendige hohe Fertigungspräzision und das Beschädigungsrisiko durch direkten Flächenkontakt der Faserkerne sind bislang noch nicht widerlegte Gegenargumente. Eine dritte Möglichkeit, die Reflexion auszuschalten, ist der Schräganschliff der Steckerstifte. Dadurch wird erreicht, daß die reflektierte Leistung in den Fasermantel geht und entsprechend stark bedämpft wird, während die transmittierte Leistung nur einen geringfügigen Strahlversatz erfährt, also auch kaum ein Dämpfungszuwachs auftritt. Diese letzte Möglichkeit erscheint bislang die günstigste, wenn hier natürlich auch eine nicht unerhebliche Fertigungspräzision vorausgesetzt wird. Ob überhaupt der reflexionsfreie oder -reduzierte Stecker interessant werden wird, oder ob generell ein Isolator eingesetzt werden wird, ist im Augenblick noch nicht zu entscheiden. Die Weiterentwicklung von Lasern, Fasern und Übertragungskonzepten muß hier zur Klärung beitragen.

1.4.3 Koppler und Schalter

Ein Koppler ist ein Bauelement, das eine Signalleitung auf mehrere aufteilt bzw. mehrere zu einer zusammenfaßt. Diese Signalleitungen können Fasern sein, wie es z.Z. noch überwiegend der Fall ist, oder integriertoptische Wellenleiter, wie man sie in Zukunft im Bereich der Monomode-

Technik anwenden wird.

Die einfachste Ausführungsform eines Kopplers ist der sog. Y-Abzweig (Y-junction) oder T-Koppler, bei dem eine Faser auf zwei aufgeteilt wird, bzw. in umgekehrter Richtung der Signalfluß zweier Fasern in einer vereinigt wird. Der Y-Abzweig läßt sich entsprechend mit einer Matrix aus drei mal drei Elementen beschreiben.

Verwendet werden Y-Abzweige in bidirektionalen Übertragungssystemen und in Rückstreumeßgeräten bzw. Reflektometern.

Zur Herstellung solcher Koppler werden geeignete Anodnungen mikrooptischer Bauelemente, Schleif- oder Verschweißtechniken benutzt, /1.14/ und /1.16/.

Die nächst höher strukturierte Ausführungsform ist der H-Abzweig oder Viertor-Koppler, bei dem die Leistung von zwei Eingangsfasern mit vorgegebenem Teilungsverhältnis auf zwei Ausgangsfasern aufgeteilt wird. Die Anwendungsbereiche sind Sende-Empfangs-Weichen für Bussysteme und auch diejenigen, die für den Y-Abzweig genannt wurden, wobei dann aber darauf zu achten ist, daß das unbenutzte vierte Tor reflexfrei abgeschlossen ist. Anderenfalls muß mit einer Nahnebensprechdämpfung

$$\alpha_{24} = -10 \cdot \log t_{24} \tag{1.88}$$

von nur etwa 20 dB gerechnet werden (Grund: an einer Glas-Luft-Grenzfläche werden 4% der hindurchtretenden Strahlungsleistung reflektiert). Hat man z.B. in einem bidirektionalen Übertragungssystem einen Sendepegel von 0 dBm und eine Empfängergrenzempfindlichkeit von - 50 dBm, so würde das durch Nahnebensprechen hervorgerufene Störgeräusch um 30 dB über dem Nutzsignal im Empfangskanal liegen.

Zur Herstellung von 4-Tor-Kopplern lassen sich die gleichen Techniken benutzen, wie bei den 3-Tor-Kopplern. Bei Multimode-Fasern ist das bei weitem gängigste Verfahren das Verschweißen der Fasern mit Flamme oder auch Lichtbogen, wobei die Fasern gleichzeitig leicht ausgezogen - also getapert - werden. Dadurch wird der Faserquerschnitt im verschweißten Bereich geringer mit der Folge, daß hier der V-Parameter kleiner wird und zunächst im Kern geführte Leistung in den nun gemeinsamen Mantel der beiden Fasern übergeht. Danach hat die Taperung das entgegengesetzte Vorzeichen, so daß aus der Mantelleistung wieder in den nun zwei Kernen geführte Leistung wird. Das Taperverhältnis und die Länge des verschweißten Bereiches bestimmen die Transmissionskoeffizienten. Bei Monomode-Fasern wird auch das Doppeltaper-Prinzip angewandt, allerdings mit der Einschränkung, daß nicht alle Fasertypen befriedigende Ergebnisse liefern /1.16/. Anschliff-Koppler, die durchaus günstige Eigenschaften haben können, scheinen zumindest bis jetzt an Stabilitätsproblemen zu leiden.

Neben den genannten 3- und 4-Tor-Kopplern haben noch Transmissions- und Reflexionssternkoppler eine gewisse technische Bedeutung, etwa bei der Programmverteilung in CATV-Systemen oder bei kurzreichweitigen militärischen Kommunikationssystemen mit Sternstruktur.

Ein Schalter ist wie der Y-Abzweig ein 3-Tor-Bauelement und dementsprechend mit jeweils einer 3·3-Matrix pro Schaltzustand zu beschreiben. Gebräuchlich sind Schalter, die wie ein elektrisches Relais arbeiten, eine Eingangsfaser also auf eine von zwei möglichen Ausgangsfasern umschalten.

1.4.4 Multiplexer/Demultiplexer

Multiplexer und Demultiplexer sind Koppler mit einer ausgeprägten Wellenlängenabhängigkeit der einzelnen Transmissionskoeffizienten. Diese Wellenlängenabhängigkeit läßt sich prinzipiell durch beliebige dispersive Elemente erzielen, also durch Prismen, Filter, Transmissions- oder Reflexionsgitter, aber es hat sich gezeigt, daß bislang nur mit Reflexionsgittern und - geringfügig eingeschränkt - mit Filtern die Anforderungen erfüllt werden können, die an wellenlängenselektive Koppler in Glas-

faserübertragungssystemen zu stellen sind.
Zwei Konzepte lassen sich unterscheiden: Systeme mit Multimode-Fasern, die nicht unbedingt als Hochleistungssysteme anzusprechen sind, haben von der Kabelanlage her in der Regel unbeabsichtigte Reserven in Dämpfung und Bandbreite, da die noch nicht allgemein standardmäßig akzeptierte und nicht sehr genaue Fasermeßtechnik im Systemkonzept Sicherheitszuschläge nötig macht. Daher bleibt häufig der Platz in der Leistungsbilanz des Systems, auch wenn das nicht von vornherein beabsichtigt war, durch sog. Fenstermultiplex die Übertragungskapazität des Systems zu verdoppeln. Man fügt etwa einem bestehenden 0,85 µm -Übertragungskanal einen weiteren bei 1,2 bis 1,3 µm an, was durch relativ einfache und preiswerte Filtermultiplexer/Demultiplexer erreicht werden kann. Die Einfügungsdämpfungen solcher Bauelemente liegt bei 1 bis 1,5 dB, so daß die Leistungsbilanz insgesamt mit weniger als 3 dB belastet wird. Da die beiden Übertragungskanäle spektral weit auseinanderliegen, sind die Anforderungen an die λ-Selektivität gering.

In dem anderen, anspruchsvolleren Konzept wird die Übertragung von mehreren Kanälen in einem Transmissionsfenster der Faser angestrebt, zunächst u.U. noch in Multimode-Systemen, später vorzugsweise in Monomodetechnik. Man spricht hier dann im engeren Sinne von Wellenlängen-Multiplex (wavelength division multiplex, WDM). Da hier der spektrale Kanalabstand zwangsläufig geringer sein muß, als beim Fenstermultiplex, sind die Anforderungen an die Selektivität weit höher - Kanalbreiten von 20 bis 30 nm bei einer Kanaltrennung von 30 dB - so daß u.U. Kompromisse bei der Einfügungsdämpfung nicht zu umgehen sind. Eine Gesamtübersicht über mögliche Techniken für Multimode-Systeme ist in /1.15/ zu finden. Für Monomode-Systeme zeichnet sich ab, daß verschweißte Doppeltaper-Multiplexer-Demultiplexer mit sehr günstigen Eigenschaften hergestellt werden können /1.17/.

1.4.5 Dämpfungsglieder

Ein in etwa optimal konzipiertes Übertragungssystem wird u.a. einen Empfänger haben, der im seiner Empfindlichkeit nahe bei dem theoretisch erreichbaren Bestwert liegt, siehe Kap. 3.3. Diese positive Eigenschaft wird üblicherweise durch den Nachteil erkauft, daß der Dynamikbereich, in dem der Empfänger optimal leistungssfähig ist, entsprechend klein wird. Da im Einsatzfall nun unterschiedliche Faserlängen unterschiedlicher Dämpfung die Regel sind, muß der Empfänger über ein Dämpfungsglied (oder Optische Verlängerungsleitung) an die ihm angebotene Strahlungsleistung angepaßt werden. Dazu bringt man ein Neutralfilter so in den Signalweg, daß die Gesamtstrahlungsleistung vermindert wird, ohne daß dabei eine Änderung der differentiellen Modenleistungsverteilung auftritt.

Folgende Ausführungsformen sind z.Z. gebräuchlich:

- Das Dämpfungsglied mit einem festen Dämpfungswert, realisiert z.B. durch einen Stecker oder Steckadapter mit einer definierten Einfügungsdämpfung. Diese Einfügungsdämpfung sollte allerdings nicht durch eine mechanische Fehljustierung erreicht werden, da dadurch Modenrauschen erzeugt würde. Bei größeren Dämpfungswerten muß hier auch bei Monomode-Systemen mit Schwierigkeiten gerechnet werden.

- Das einstellbare variable Dämpfungsglied als integrierter Bestandteil des Empfängers. Hierbei werden Neutralfilter unterschiedlicher Dichte - z.B. in einer 6 dB-Abstufung - in einen geeignet erzeugten parallelen Strahlengang geschaltet.

1.4.6 Isolatoren

In allen Systemen, die longitudinal einmodige Laserdioden enthalten, wird das Rauschen zu einem Problem, das durch Rückstreuung oder Reflexion von Strahlungsleistung in den Laserresonator erzeugt wird. Der Laser zeigt Modensprünge und u.U. auch eine Störmodulation auf dem Ausgangssignal. Damit wird es in der Regel notwendig, Reflexionen so klein wie möglich zu machen und u.U. - als sauberste Lösung - Laser und Strecke durch einen Isolator zu entkoppeln.

Isolatoren sind Bauelemente, die bezüglich der Polarisation nichtreziprok sind. Diese Eigenschaft wird z.B. dadurch erreicht, daß zwischen zwei um 45° gegeneinander verdrehten Polarisatoren ein sog. Faraday-Rotator eingebracht wird, der genau eine 45°-Drehung der Polarisation bewirkt. In einer Richtung wird geeignet polarisierte Strahlung durchgelassen, in der Rückrichtung jedoch gesperrt, da sie nach zweimaligem Passieren des Faraday-Rotators eine Drehung der Polarisation um 90 erfahren hat, also senkrecht zum ersten Polarisator polarisiert ist.

Ein Faraday-Rotator kann dadurch realisiert werden, daß ein den Faraday-Effekt hinreichend stark zeigendes Material in den Innenbereich eines ringförmigen Permanentmagneten gebracht wird. Strahlung, die in Richtung des Magnetfeldes B eingestrahlt wird und eine Länge L des optisch aktiven Materials durchsetzt, wird in ihrer Polarisationsebene um den Winkel φ gedreht:

$$\varphi = V \cdot L \cdot B \tag{1.89}$$

Dabei ist V die Verdet-Konstante, die für das betreffende Material die spezifische Drehung der Polarisationsebene im Magnetfeld angibt. Neben einer genügend großen Verdet-Konstante ist natürlich auch die Dämpfung wichtig, die das betreffende Material für Strahlung im betreffenden Spektralbereich zeigt.

In z.Z. bekannten praktischen Ausführungen von Isolatoren wird YIG als optisch aktives Material benutzt, Länge L etwa 2 mm, das in einem entsprechenden Samarium-Kobalt-Ringmagneten sitzt. Isolationswerte > 30 dB sind erreichbar, bei sorgfältiger Antireflexbeschichtung der einzelnen Komponenten auch mehr.

Die Transmissionsmatrix eines Isolators - wie man ihn z.Z. als Stand der Technik ansehen kann - wird also etwa folgendermaßen aussehen:

$$((t_{ik})) = \begin{pmatrix} 0{,}001 & 0{,}7 \\ 0{,}7 & 0{,}001 \end{pmatrix} \tag{1.90}$$

2. MESSUNGEN AN GLASFASERN

2.0 Vorbemerkung

An einem faseroptischen Nachrichtenübertragungssystem können und müssen eine Vielzahl von Messungen durchgeführt werden. Es würde den Rahmen dieses Kapitels sprengen, wollte man alle dazu entwickelten Meßverfahren detailliert besprechen. Andererseits ist eine reine Aufzählung der Meßmethoden, nur der Vollständigkeit halber und um mit dem gegebenen Raum auszukommen, wenig sinnvoll. Deshalb beschränken wir uns hier auf MESSUNGEN AN GLASFASERN.

Aber selbst innerhalb dieses schon stark reduzierten Bereiches können nicht alle Themen ausgeführt werden. Die Auswahl wurde nach folgenden Gesichtspunkten getroffen:

Dieses Buch wendet sich an Ingenieure, die mit fertigen Bauelementen ein Übertragungssystem aufbauen wollen. Dazu müssen Herstellerangaben über die Faser eingeholt und kritisch gewürdigt werden. Von diesen Angaben sind die wichtigsten die Faserdämpfung und die Faserdispersion, sie bestimmen weitgehend die Leistungsfähigkeit des Gesamtsystems. Es ist deshalb unumgänglich, daß Kontrollmessungen dieser Faserparameter durchgeführt werden. Deshalb ist dieses Kapitel des Buches beschränkt auf derartige Kontrollmessungen, wie sie ein Laboringenieur durchführen muß.

Abhandlungen über Meßmethoden und Meßergebnisse müssen immer sehr sorgfältig gelesen werden. Nicht nur die Resultate selbst sind wichtig, sondern auch die Wege, die zu den beschriebenen Ergebnissen geführt haben. Dieser Grundsatz gilt in besonderem Maße für die Meßtechnik an Glasfasern. Auf diesem Gebiet hängen die Meßresultate stark von - noch immer nicht genormten - äußeren Meßbedingungen wie z.B. den Einkoppelbedingungen in die Faser ab; weiterhin verwirren nicht einheitliche Definitionen für allgemein verwendete Begriffe und erschweren den Vergleich von Meßresultaten.

Es werden deshalb im folgenden nicht nur die Meßmethoden selbst beschrieben, sondern auch die Auswerteverfahren dargestellt und die zugrundegelegten Definitionen explizit angegeben. Eingeleitet wird dieses Kapitel mit einem Abschnitt, in dem allgemeine Hinweise zur Meßtechnik an Fasern gegeben werden. Es ist allerdings zu beachten, daß die hier aufgeführten Meßhilfen in den Blockdiagrammen der Meßaufbauten i.a. weggelassen wurden, um die Darstellungen nicht unübersichtlich zu machen. Sie sind in allen Diagrammen hinzuzufügen.

2.1. Allgemeine Hinweise zur Meßtechnik an Glasfasern

2.1.1 Einkopplung des Lichtes in eine Multimodefaser

Eines der Hauptprobleme bei der Messung der Fasereigenschaften ist die effektive Einkopplung des Lichtes in die zu messende Faser. Dabei heißt "effektiv" nicht nur, daß der Leistungsverlust bei der Einkopplung so gering wie möglich ist. Vielmehr muß eine effektive Einkopplung auch ein geeignetes Modenbild in der Faser anregen.

Multimodefasern führen das Licht in mehreren (in üblichen Fasern 500 bis 1000) Moden, wobei jede einzelne dieser Moden als eigener Obertragungskanal angesehen werden kann. Die Ausbreitungseigenschaften des Lichtes auf der Faser und damit die für die optische Nachrichtenübertragung relevanten Fasereigenschaften sind demzufolge davon abhängig, welcher Anteil der Gesamtlichtleistung in welcher Mode (in welchem Obertragungskanal) geführt wird./2.1 bis 2.3/

Die Obertragungskanäle sind nicht unabhängig voneinander. Bei der Ausbreitung des Lichtes längs der Faser tauschen die Moden untereinander optische Energie aus, sie koppeln miteinander. Dabei verändert sich die Aufteilung der Gesamtlichtleistung auf die ausbreitungsfähigen Moden, und es ändern sich die optischen Eigenschaften der Faser. Die Fasereigenschaften werden abhängig von der Faserlänge, /2.1 bis 2.3/ Meßergebnisse können nicht direkt auf andere Faserlängen extrapoliert werden.

2.1.1.1 Modenmischer und Modenfilter

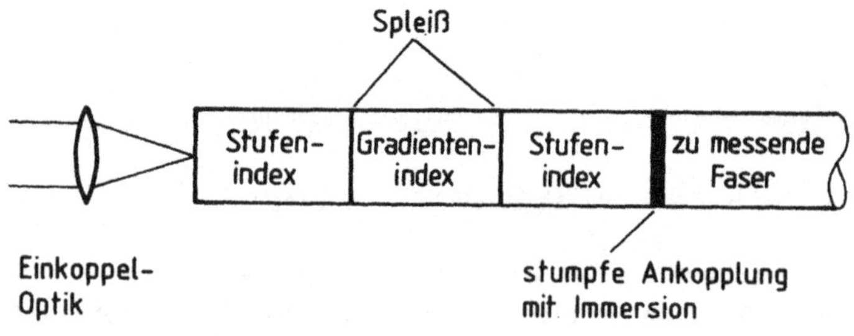

Bild 2-1: SGS-Modenmischer

Längenunabhängige Verhältnisse auf der Faser können mit sog. Modenmischern (mode scrambler) eingestellt werden. Modenmischer haben die Aufgabe, die vorhandene Lichtleistung gleichmäßig auf alle ausbreitungsfähigen Moden aufzuteilen, so daß jede Mode gleiche optische Leistung trägt. Dieser Ausbreitungszustand auf der Faser heißt MODENGLEICHVERTEILUNG. Die weiteste Verbreitung haben SGS-Modenmischer gefunden, wie sie in Bild 2-1 skizziert sind./2.4/ SGS-Modenmischer sind kurze (je ca. 1m lange) Stücke von Stufenindex-, Gradientenindex-, Stufenindexfasern, die in dieser Reihenfolge aneinandergespleißt werden. Die Faserstücke haben jeweils den gleichen Kerndurchmesser und die gleiche numerische Apertur wie die zu messende Faser. Der Modenmischer wird seinerseits vor die eigentlich zu messende Faser gesetzt und mit Immersionsflüssigkeit stumpf angekoppelt. Durch diese Maßnahme wird in der zu messenden Faser Modengleichverteilung angeregt.

Modenmischer sind allerdings nicht ganz praxisgerecht. Jede Biegung der Faser führt zur Abstrahlung von Lichtleistung, wobei Licht vorzugsweise aus "hohen" Moden (d.h. aus Moden, deren Felder sich in radialer Richtung weit ausdehnen) abgestrahlt wird. Je kleiner der Biegeradius, desto "achsennähere" Moden tragen zum Gesamtverlust durch Abstrahlung bei. Biegungen der Faser sind in der Praxis z.B. beim Verlegen der Faser unvermeidlich. Konsequenz: bei großen Faserlängen wird die Lichtleistung nach einer bestimmten Laufstrecke auf der Faser nur noch in "achsennahen" Moden geführt. Es ist deshalb wenig sinnvoll, die vorhandene Lichtleistung gleichmäßig auf alle ausbreitungsfähigen Moden aufzuteilen, da das in "hohen" Moden geführte Licht beim Durchgang durch die Faser abgestrahlt wird. Praxisgerechter ist es, die vorhandene Lichtleistung von vornherein nur in diejenigen Moden einzukoppeln, die das Licht auch bis zum Faserende weiterleiten können. Dieser stationäre Zustand wird mit MODENGLEICHGEWICHT (equilibrium mode distribution, EMD) bezeichnet.

Modengleichgewicht auf der Faser kann mit sog. Modenfiltern eingestellt werden. Modenfilter sorgen dafür, daß gleich am Faseranfang das Licht aus denjenigen Moden abgestrahlt wird, aus denen das Licht sowieso beim Durchgang durch die Faser verlorengehen würde. Dazu wird in der Faser zunächst Modengleichverteilung erzeugt, z.B. mit einem vorgeschalteten SGS-Modenmischer. Kurz hinter der Überkoppelstelle wird die zu messende Faser über Rollen gezogen,/2.5/ wie in Bild 2-2 gezeigt. Alternativ hierzu wird die Faser mehrfach (typisch fünfmal) um einen Stab gewickelt ("mandrel wrap"). Dieses Verfahren zur Erzeugung von Modengleichgewicht wird bei den Bell Laboratories standardmäßig angewandt./2.6/ Das Biegen der Faser mit kleinem Biegeradius (der Rollen- bzw. Stabdurchmesser ist ca. 1 cm) führt zur Abstrahlung der in "hohen" Moden geführten Lichtleistung.

Modenfilter sind ein hervorragendes Mittel, um stationäre Modenverteilung zu erzeugen. Modenfilter sollten deshalb bei jeder Messung an

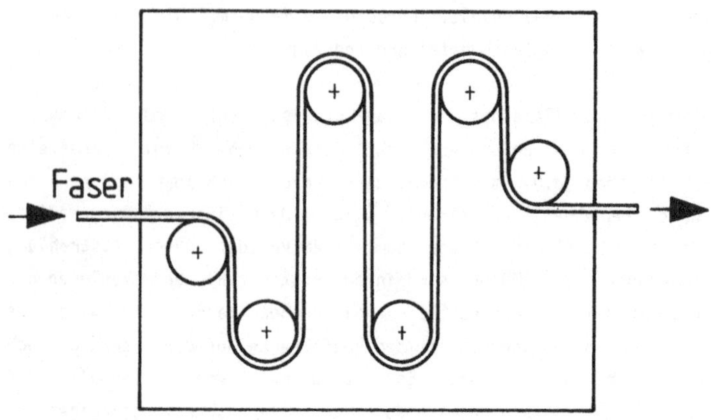

Bild 2-2: Modenfilter zur Erzeugung von Modengleichgewicht

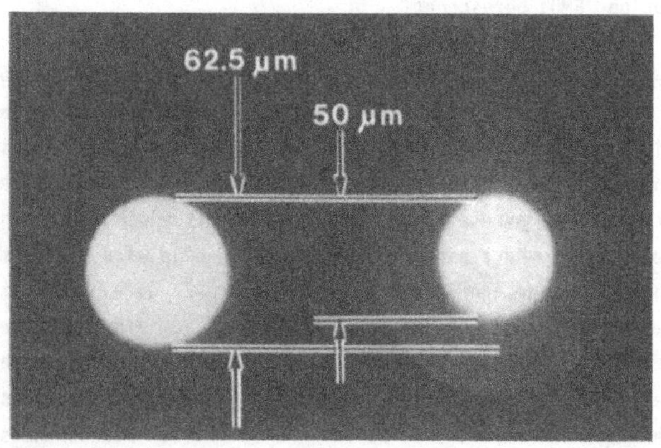

Bild 2-3: Lichtführender Bereich einer Faser mit 62,5 µm Kerndurchmesser. der Faserkern wird am Einkoppelende überstrahlt ausgeleuchtet.
Links: geradlinig ausgelegte Faser
Rechts: Faser fünfmal um einen Stab mit 1 cm Durchmesser geschlungen

Multimodefasern unmittelbar hinter der Einkoppelstelle angelegt werden. Die Photographie Bild 2-3 demonstriert ihre Wirksamkeit. Das Bild zeigt den Faserkern einer ca. 5 m langen Multimodefaser mit 62,5 µm Kerndurchmesser. In die Faser wurde mit vorgeschaltetem SGS-Modenmischer Licht eines HeNe-Lasers eingekoppelt. Bei der Aufnahme links im Bild war die Faser geradlinig ausgelegt, der Faserkern wurde voll ausgeleuchtet. Bei der Aufnahme rechts war das Faserstück hinter der Einkoppelstelle fünfmal um einen Stab mit 1 cm Durchmesser gewickelt. Der Kern ist nur noch zu ca. 80% ausgeleuchtet, die hohen Moden wurden ausgefiltert. Der Durchmesser des ausgeleuchteten Fleckes ist jetzt der effektive Kerndurchmesser der Faser.

2.1.1.2 Erzeugung von Modengleichgewicht mit speziellen Einkoppeloptiken

Modengleichgewicht auf der Faser kann außer mit Modenfiltern auch über spezielle Einkoppeloptiken angeregt werden. Meßreihen /2.7/ haben ergeben, daß Modengleichgewicht bereits nach sehr kurzer Laufstrecke auf der Faser erreicht wird, wenn

- der Fokusdurchmesser des einzukoppelnden Lichtstrahles etwa 70 % des Faserkerndurchmessers ist, und gleichzeitig

- die numerische Apertur des einzukoppelnden Strahles etwa 70 % der numerischen Apertur der Faser beträgt.

Eine Einkoppeloptik, die diese Forderungen erfüllt, ist in Bild 2-4 dargestellt./2.8/ Sie besteht aus zwei Linsen, i.a. Mikroskopobjektiven. Objektiv 1 wirkt als Kollimatorlinse, Objektiv 2 fokussiert den kollimierten Strahl auf die Faserstirnfläche. Charakteristische Parameter des refokussierten Strahles sind sein Fokusdurchmesser auf der Faserstirnfläche und der Kegelöffnungswinkel des sich zusammenschnürenden bilderzeugenden Lichtkegels. Der Sinuswert dieses Kegelöffnungswinkels ist die numerische Apertur der Einkoppeloptik.

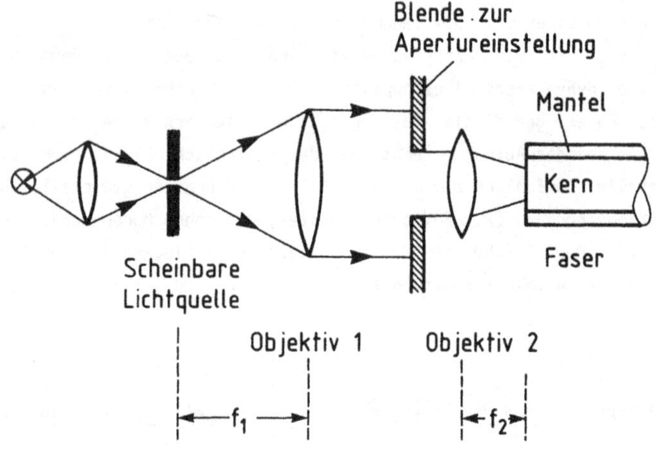

Bild 2-4: Einkoppeloptik.
Die Aperturblende hat den Durchmesser d_2, der Durchmesser der scheinbaren Lichtquelle ist d_1.
Die Blendendurchmesser und Objektivbrennweiten werden so gewählt, daß in der Faser Modengleichgewicht entsteht.

Faserapertur und Apertur der Einkoppeloptik werden mit einer Lochblende im kollimierten Strahlengang aneinander angepaßt. Der Blendendurchmesser d_2 bestimmt zusammen mit der Brennweite f_2 des Fokussierobjektives die numerische Apertur $A_N = d_2/(2f_2)$ der Einkopplung.

Der Durchmesser des Fokusflecks kann aus dem Brennweitenverhältnis f_1/f_2 der verwendeten Objektive berechnet werden. Der Fokusdurchmesser auf der Faserstirnfläche ist $D_1 = d_1 \cdot f_2/f_1$, wobei d_1 der Durchmesser der scheinbaren Lichtquelle ist. Mit einer entsprechend gewählten Blende kann jeder gewünschte Fokusdurchmesser eingestellt werden.

Bei der Wahl der Objektive ist weiterhin zu beachten: durch die chromatische Aberration der üblicherweise verwendeten Glaslinsen ist die

Lage des Fokus wellenlängenabhängig. Selbst bei Verwendung von achromatischen Linsen kann eine solche Einkoppeloptik nur in einem begrenzten Wellenlängenbereich gute Ergebnisse liefern. Außerhalb dieses Wellenlängenbereiches sind effektive Einkoppelbedingungen nicht mehr gegeben. Bei Messungen über einen größeren Wellenlängenbereich (wie z.B bei Messungen der Faserdämpfung) treten deshalb Fehler auf. Diese Fehler können ausgeschlossen werden, wenn anstelle der üblichen Objektive mit Glaslinsen Spiegelobjektive verwendet werden, die aberrationsfrei sind.

2.1.2 Einkopplung in eine Monomodefaser

In einer Monomodefaser wird das Licht nur in einer einzigen Mode, der Grundmode, geführt (Polarisation in der Faser bleibt hier unberücksichtigt). Licht, das aus der Faserstirnfläche in den Außenraum austritt, divergiert. Da das abgestrahlte Licht einzig aus der Fasergrundmode stammt, beschreibt der Abstrahllichtkegel im Gegensatz zur Multimodefaser eindeutig die Ausbreitungseigenschaften in der Monomodefaser. In umgekehrter Lichtlaufrichtung muß deshalb ein ankommender Strahl eine exakte Reproduktion des abgestrahlten Strahles sein, um optimal in die Faser eingekoppelt zu werden.

In guter Näherung wird die Ausbreitung des abgestrahlten Lichtes beschrieben durch einen Gauß'schen Strahl./2.1 bis 2.3/ Charakteristischer Parameter des Gauß'schen Strahles ist seine Strahlweite w_0, die ihrerseits den Divergenzkegel und die davon abgeleitete numerische Apertur A_N bestimmt. Für heutige Monomodefasern sind $w_0 = 2...5\ \mu m$ und $A_N \approx 0.1$.

Eine optimale Einkopplung von Licht in eine Monomodefaser erfordert demnach, daß der ankommende Lichtstrahl ebenfalls ein Gauß'scher Strahl mit entsprechender w_0 und A_N ist. Diese Bedingungen lassen sich mit konventionellen Mikroskopobjektiven nicht erfüllen. Man wählt als Kompromiß ein Objektiv mit einer numerischen Apertur, die größer ist als der Akzeptanzkegel der Faser, und mit einem Fokusdurchmesser, der größer ist als die Gauß'sche Strahlweite der Fasergrundmode. Mit einer derartigen Einkoppeloptik werden dann zwar unvermeidlich Mantelmoden in der Faser angeregt, diese können aber durch gute Mantelmodenabstreifer (siehe Abschnitt 2.1.3) eliminiert werden.

2.1.3 Mantelmodenabstreifer

Bei Messungen sowohl an Multimode- wie an Monomodefasern verfälschen sog. Mantelmoden (cladding modes) die Meßergebnisse. Mantelmoden sind geführte Moden. Sie bilden sich durch Totalreflexion an der Grenzfläche Fasermantel/Primärbeschichtung aus, wenn die Primärbeschichtung einen niedrigeren Brechungsindex als das Fasermantelmaterial selbst hat. Es läßt sich nicht vermeiden, daß an der Einkoppelstelle des Lichtes Mantelmoden angeregt werden (Einkopplung von Lichtleistung nicht nur in den Faserkern, sondern auch in den Fasermantel); sie entstehen aber auch durch Streuprozesse innerhalb der Faser und insbesondere an Koppel- und Spleißstellen zwischen zwei Fasern.

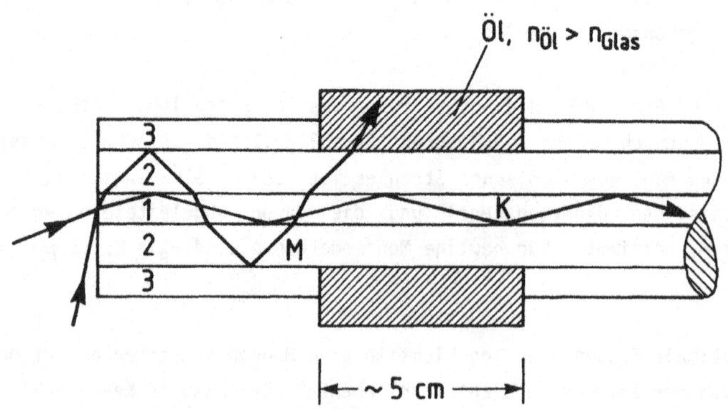

Bild 2-5: Mantelmodenabstreifer. Schichtenfolge: 1: Faserkern; 2: Fasermantel; 3: Primärbeschichtung
Die Totalreflexion an der Grenze Fasermantel/Primärbeschichtung wird durch den Mantelmodenabsteifer unterbrochen.

Mantelmoden sind sehr unerwünscht, sie verschlechtern drastisch die Dispersionseigenschaften der Fasern. Zur Elimination von Mantelmoden werden nach Bild 2-5 über eine Länge von einigen cm Primär- und Sekundärbeschichtung von der Faser entfernt, so daß die nackte Glasfaser offenliegt. Dieses nackte Faserstück wird überzogen mit einem Gel oder einer Flüssigkeit, die einen höheren Brechungsindex hat als das Fasermantelmaterial./2.9/ In der Praxis haben sich Immersionsöl, Epoxy-Klebstoffe oder auch Kameralack bewährt. Dadurch wird das Mantellicht an der Grenzfläche Fasermantel/Oberzug nicht mehr totalreflektiert, und es verläßt die Faser radial nach außen. Die eigentlichen Fasermoden (Kernmoden), die an der Grenzfläche Kern/Mantel geführt werden, bleiben unbeeinflußt.

Mantelmodenabstreifer (cladding mode stripper) sollten zumindest am Auskoppelende, d.h. unmittelbar vor dem optischen Detektor angebracht werden. Es ist jedoch empfehlenswert, auch am Einkoppelende einen Mantelmodenabstreifer vorzusehen. Weiterhin ist zu beachten, daß die Faser durch die Entfernung der Primärbeschichtung sehr empfindlich auf Umwelteinflüsse reagiert, z.B. sehr bruchempfindlich geworden ist. Zum Schutz der Faser sollte das freigelegte Faserstück mechanisch stabil befestigt werden.

2.2. Messung der Dämpfung einer Glasfaser

2.2.1 Einführung

Bei der Ausbreitung längs der Faser nimmt die in der Faser geführte Lichtleistung ab. Hierfür sind eine Reihe unterschiedlicher physikalischer Phänomene verantwortlich./2.1 bis 2.3/ Alle Lichtleistungsverluste gleich welcher Ursache werden unter dem Begriff "Lichtdämpfung in der Faser" (fiber attenuation) zusammengefaßt. Bei der Planung eines optischen Obertragungssystems muß bekannt sein, wieviel der in die Faser eingekoppelten Lichtleistung am Faserende noch zur Verfügung steht bzw. wie hoch die Dämpfung in der Faser ist. In diesem Kapitel werden Meßtechniken zur Bestimmung der Faserdämpfung vorgestellt.

2.2.2 Pegeldifferenzmessungen /2.2,2.3,2.9/

Die optische Leistung nimmt mit der Laufstrecke des Lichtes längs der Faser ab. Liegt auf der Faser Modengleichgewicht vor, so ist die relative Leistungsabnahme konstant, und die Laufstreckenabhängigkeit wird beschrieben durch /2.1 bis 2.3/

$$P(x) = P(0)\exp(-\beta x) \tag{2.1}$$

Darin bezeichnen $P(0)$ die in die Faser eingekoppelte Lichtleistung und $P(x)$ die nach der Laufstrecke x in der Faser noch vorhandene Lichtleistung. Die Konstante β wird als "Extinktionskonstante" bezeichnet. In β sind sämtliche zu Lichtleistungsverlusten führenden Dämpfungsursachen zusammengefaßt. β hat die Dimension einer inversen Länge (z.B. 1/km).

In der Dämpfungsmeßtechnik werden anstelle der optischen Leistungen P die logarithmischen Leistungspegel $\hat{P} := 10\cdot\lg(P/P_{ref})$ ausgewertet. P_{ref} ist eine Bezugsleistung (üblicherweise $P_{ref} = 1$ mW). Maßeinheit der Leistungspegel ist das Dezibel (dB). Die Dämpfungseigenschaften der Faser werden dann beschrieben durch das auf die Faserlänge 1 km normierte Dämpfungsmaß α. α ist definiert durch

$$\alpha = \frac{\hat{P}(0) - \hat{P}(L)}{L} = -\frac{10}{L}\lg\frac{P(L)}{P(0)} \tag{2.2}$$

L ist die Faserlänge. Das Dämpfungsmaß wird demzufolge in dB/km angegeben. Über Gl.(2.1),(2.2) sind das Dämpfungsmaß α und die Extinktionskonstante β verknüpft durch $\alpha = \beta\cdot 10\cdot\lg(e) = 4{,}34\,\beta$.

Aus der Definition des Dämpfungsmaßes folgt eine unmittelbare Meßmethode zur Dämpfungsbestimmung . Die Lichtleistungen P(0) am Faseranfang und P(L) am Faserende werden gemessen und daraus nach Gl.(2.2) α berechnet.

Das Dämpfungsmaß (oder kurz "die Dämpfung") einer Glasfaser hängt ab von der Betriebswellenlänge λ: $\alpha = \alpha(\lambda)$. Es ist deshalb wichtig, den spektralen Verlauf der Dämpfung zu kennen.

Bild 2-6 zeigt den Meßaufbau zur Bestimmung des Dämpfungsmaßes als Funktion der Betriebswellenlänge. Als Lichtquelle dient eine Weißlichtlampe, vorzugsweise eine Wolfram-Halogen-Glühlampe. Die optische Ausgangsleistung der Lampe wird mit einem Sensor gemessen und über einen Regelkreis stabilisiert.

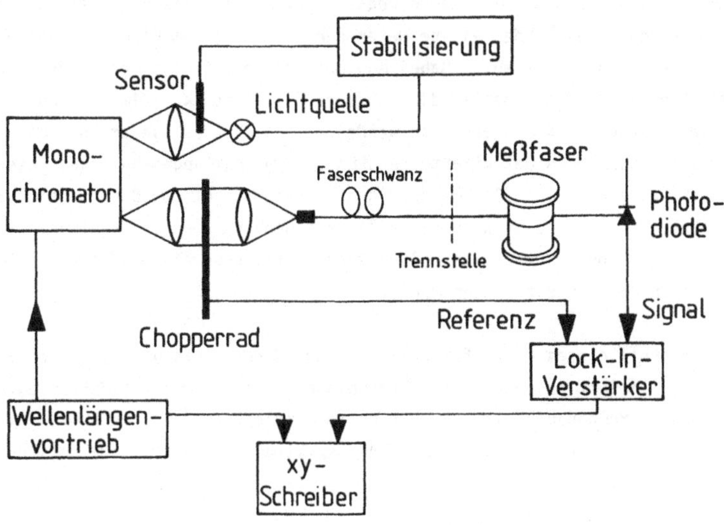

Bild 2-6: Meßaufbau zur Dämpfungsmessung nach dem Pegeldifferenzverfahren

Ein Monochromator filtert aus dem Emissionsspektrum der Lichtquelle die Meßwellenlänge aus. Dazu wird ein Abschnitt der Lampenwendel auf den Monochromatoreintrittsspalt abgebildet. Der Monochromator sollte möglichst lichtstark sein, die spektrale Auflösung ist von geringerer Bedeutung.

Das spektral gefilterte Licht wird über die in 2.1.1.2 beschriebene Einkoppeloptik oder via Modenmischer und Modenfilter in die Meßfaser eingekoppelt. Die am Ende der Meßfaser noch vorhandene Lichtleistung wird mit einer großflächigen Photodiode detektiert, das der optischen Leistung proportionale elektrische Signal wird nachverstärkt. Um die Empfindlichkeit der Meßanordnung zu erhöhen, wird im allgemeinen Lock-In-Verstärkertechnik angewandt.

In einer ersten Meßreihe wird die Lichtleistung $P_L(\lambda)$ am Faserende als Funktion der Lichtwellenlänge registriert. L ist die Faserlänge. Anschließend daran werden einige Meter der Meßfaser, vom Einkoppelende her gesehen, abgeschnitten. Dabei muß penibel darauf geachtet werden, daß die Einkoppelbedingungen in dieses kurze Faserstück beim Abschneiden nicht versehentlich geändert werden. Sei $P_0(\lambda)$ die am Ende dieses kurzen Faserstücks detektierte Leistung. Wenn das abgeschnittene Faserstück kurz gegen die Gesamtfaserlänge L ist, so ist das Dämpfungsmaß α bei der Wellenlänge λ nach Gl.(2.2) berechenbar. Der Zeitaufwand für die Berechnungen wird wesentlich verringert, wenn die Meßdaten on-line in einen Rechner eingelesen werden.

Der Vorteil dieses Meßverfahrens liegt in seiner Einfachheit. Darüberhinaus liefert es sehr genaue Ergebnisse: mit optimierten Meßaufbauten kann eine Meßgenauigkeit von 0.01 dB/km erreicht werden. In Abb.2-7 ist eine in dieser Technik erhaltene spektral aufgelöste Dämpfungskurve aufgetragen.

Das Meßverfahren ist jedoch destruktiv, denn von der zu messenden Faser wird ein Stück abgeschnitten. Dieses Meßverfahren trägt entsprechend den Namen "Abschneideverfahren" (cut-back-technique). Das Abschneiden kann vermieden werden, wenn das aus dem Monochromator austretende Licht nicht direkt in die zu messende Faser eingespeist wird, sondern in eine vorgeschaltete sog. Vorlauffaser. Vorlauffaser und Meßfaser werden über einen Tropfen Immersionsöl stumpf aneinandergekoppelt. Wenn Vorlauffaser und zu messende Faser in ihrer numerischen Apertur und in ihrem Kerndurchmesser übereinstimmen, so stimmen in erster Näherung auch ihre Modenbilder überein. Die Lichtleistung am Ende der Vorlauffaser wird mit der Lichtleistung am Anfang der Meßfaser gleichgesetzt.

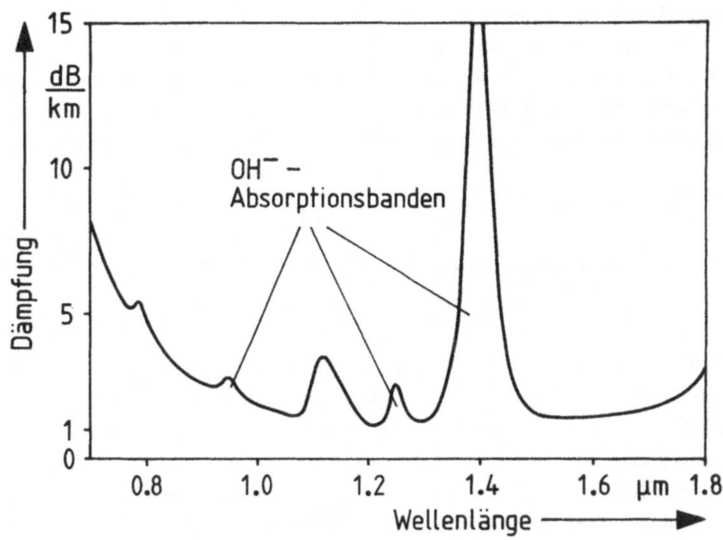

Bild 2-7: Dämpfung einer Monomodefaser als Funktion der Lichtwellenlänge. Die Dämpfungsmaxima bei ~0.8 µm und ~1.1 µm werden in Abschnitt 2.4.2 näher erläutert.

Man kann bei dieser Messung die zu messende Faser auffassen als ein Dämpfungsglied, das zwischen Vorlauffaser und Detektor eingefügt wurde. Gemessen wird der Verlust an optischer Leistung durch das Einfügen der Meßfaser. Diese Meßtechnik heißt deshalb 'Einfügeverlustmessung" (insertion loss technique).

Ein deutlicher Nachteil der Einfügeverlusttechnik ist der unbekannte Leistungsverlust an der Koppelstelle Vorlauffaser- Meßfaser. Zudem ist ungewiß, ob das Modenbild am Ende der Vorlauffaser tatsächlich dem stationären Modenbild der Meßfaser entspricht. Ist das nicht der Fall, so ist das Meßergebnis fragwürdig.

Die Transmissionsmeßtechniken setzen voraus, daß beide Enden der zu messenden Faser frei zugänglich sind. Diese Anforderung begrenzt ihren Einsatz auf Messungen im Labor oder in der Faserproduktion und macht diese Techniken ungeeignet für Messungen an bereits verlegten Fasern. Weiterhin sind beide Meßverfahren integrale Meßtechniken. Sie mitteln über die gesamte Faserlänge und lassen keine Aussage zu über eventuelle lokale Dämpfungsunregelmäßigkeiten. Eine Methode zur Dämpfungsmessung, die nicht an diese Voraussetzung geknüpft ist, ist die Rückstreumessung.

2.2.3 Optische Rückstreumeßtechnik /2.2,2.3,2.9,2.10/ (optical time domain reflectometry, OTDR)

Die Rückstreumeßtechnik beruht auf der in allen Glasfasern auftretenden Rayleighstreuung /2.1 bis 2.3/ von Licht. In dem amorphen Material "Glas" treten räumliche Inhomogenitäten durch statistische Dichteschwankungen auf. Die Inhomogenitäten sind die Ursache von Lichtstreuung, die "Rayleighstreuung" genannt wird, wenn der Durchmesser der Inhomogenitäten kleiner ist als die Lichtwellenlänge. Die optische Leistung im Streulicht kann quantitativ gemessen werden. An einem beliebigen Ort auf der Faser hängt die dort generierte Streuleistung ab von der an diesem Ort vorhandenen optischen Leistung. Die vorhandene optische Leistung ihrerseits ist bestimmt durch die Dämpfung des Faserstückes vor dem betrachteten Ort. Messung der Streuleistung erlaubt somit Rückschlüsse auf die Faserdämpfung.

Die Grundlage des Meßverfahrens wird anhand von Abb. 2-8 erläutert. Im Abstand x vom Faseranfang befindet sich das Längenelement $\Delta L(x)$ (bzw. das Volumenelement $\Delta V(x) = F \Delta L(x)$, F ist die Kernquerschnittsfläche).

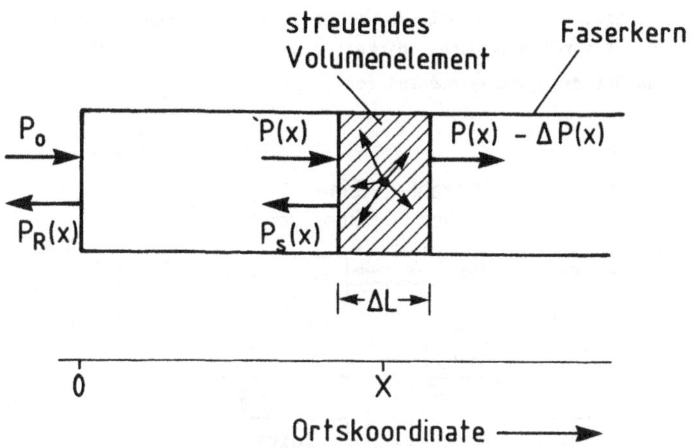

Bild 2-8: Zur Erläuterung des Rückstreumeßverfahrens

Der Leistungsverlust $\Delta P(x)$ durch Rayleighstreuung in diesem Längenelement ist $\Delta P(x) \sim P(x) \cdot \Delta L(x)$. Darin ist $P(x)$ die in $\Delta L(x)$ einlaufende Signalleistung. Für $P(x)$ gilt nach Gl.(2.1) $P(x) = P_0 \exp(-\beta x)$ Von dieser Leistung wird ein Anteil S vom Faserkern wieder eingefangen und zum Faseranfang zurückgeleitet. Das Längenelement $\Delta L(x)$ kann somit aufgefaßt werden als eine Lichtquelle, die sich am Ort x befindet und dort in die Faser eine zum Faseranfang zurücklaufende Leistung $P_s(x)$, $P_s(x) = S\,\Delta P(x)$, einkoppelt. Das zurücklaufende Licht wird auf seinem Weg zum Faseranfang erneut gedämpft. Am Faseranfang kann dann Streulicht der Leistung

$$P_R(x) = P_s(x)\,\exp(-\beta x) = \text{const} \cdot \Delta L(x) \cdot \exp(-2\beta x) \qquad (2.3)$$

nachgewiesen werden, das aus dem Längenelement $\Delta L(x)$ der Faser stammt. Zur Lokalisierung des Längenelementes wird in die Faser nicht Gleichlicht, sondern ein Lichtpuls der Dauer δT eingekoppelt. Der Lichtpuls läuft die Faser entlang und generiert Rayleigh-Streulicht in demjenigen Volumen- bzw. Längenelement, in dem er sich gerade befindet. δT legt über die Ausbreitungsgeschwindigkeit v des Lichtes in der Faser Ausdehnung und Ort des Längenelementes fest.

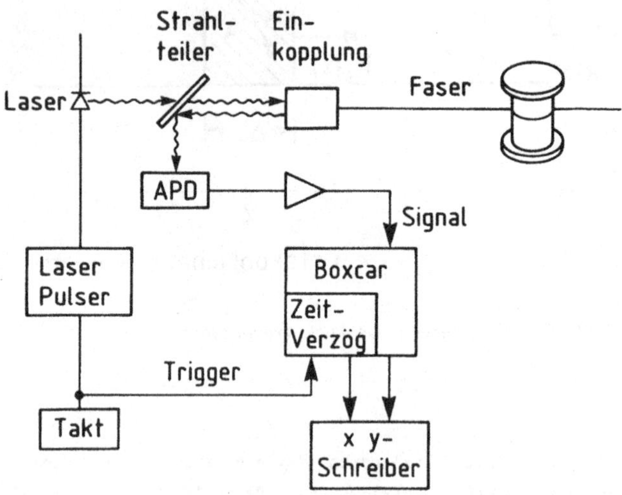

Bild 2-9: Meßaufbau zum Rückstreumeßverfahren

δT wird so gewählt, daß die Impulsverbreiterung durch Faserdispersion vernachlässigbar gering ist. Dann kann der Betrag des Längenelementes als konstant angenommen werden, und es ist $\Delta L = v \cdot \delta T$. Der Ort x auf der Faser wird vom Lichtimpuls nach der Zeit $t = x/v$ erreicht. Dieselbe Zeit benötigt das Streulicht für den Rückweg zum Faseranfang. Die im Längenelement $\Delta L(x)$ generierte Streuleistung $P_R(x)$ trifft somit am Faseranfang nach der Zeit $\tau(x) = 2t = 2x/v$ ein. Macht man nach Ablauf einer Wartezeit $\tau(x)$ nach der Absendung eines Lichtimpulses eine Momentanmessung der in diesem Augenblick am Faseranfang ankommenden

Streulichtleistung, so stammt diese Lichtleistung aus dem Längenelement $\Delta L(x)$. Das Längenelement $\Delta L(x)$ kann somit über die Wartezeit lokalisiert werden. Formal kann man in Gl.(2.3) den Ort x durch die Wartezeit $\tau(x)$ ersetzen und erhält, da ΔL dem Betrage nach konstant ist

$$P_R(x) \frown P_R(\tau) = \text{const}\cdot\exp(-v\,\beta\,\tau) \tag{2.4}$$

Gl.(2.4) enthält als Parameter die Extinktionskonstante β; durch Messung von P_R als Funktion der Wartezeit τ können β und damit auch das Dämpfungsmaß α bestimmt werden.

Der prinzipielle Aufbau des Meßplatzes ist in Bild 2-9 dargestellt. Die Lichtquelle emittiert Lichtpulse von typisch 20 ns Dauer mit einer Pulsfolgefrequenz von einigen kHz. Die Pulse werden durch einen Strahlteiler hindurch auf die Faserstirnfläche fokussiert. Der Strahlteiler lenkt das rückgestreute Licht auf den Photodetektor um und trennt so einlaufenden und rückgestreuten Strahl. Die nachzuweisende optische Leistung ist sehr gering, deshalb wird als Detektor eine APD verwendet. Elektronische Schaltungen zur Ansteuerung von Sender und Empfänger werden in /2.11/ besprochen. Zur Rauschverminderung wird ein Boxcar-Integrator eingesetzt. Das Meßtor des Boxcar-Integrators wird gegenüber dem Anregungssignal zeitverzögert, die relative zeitliche Lage des Meßtores definiert so die Wartezeit τ. Durch Verschieben des Meßtores kann die durch Gl.(2.4) beschriebene Abklingkurve abgetastet werden.

Abbildung 2-10 zeigt ein Meßergebnis. Aufgetragen ist die detektierte rückgestreute Leistung als Funktion der Wartezeit τ. Aus der Meßkurve erhält man ein Dämpfungsmaß α = 3.4 dB/km, berechnet aus Gl.(2.4) nach der Beziehung

$$\alpha = \beta\cdot 10\lg e = \frac{10}{v(\tau_2-\tau_1)}\lg\frac{P_R(\tau_1)}{P_R(\tau_2)} \tag{2.5}$$

$P_R(\tau_1)$ und $P_R(\tau_2)$ sind die gemessenen Leistungen nach den beiden Wartezeiten τ_1 und τ_2. Für die Berechnung muß die Ausbreitungsgeschwindigkeit v des Lichtes in der Faser bekannt sein. Das mit "E" bezeichnete starke Signal nach der Wartezeit τ_E ist das vom Faserende reflektierte Licht. Ist die Länge L der Faser bekannt, so ist die Ausbreitungsgeschwindigkeit $v = 2L/\tau_E$.

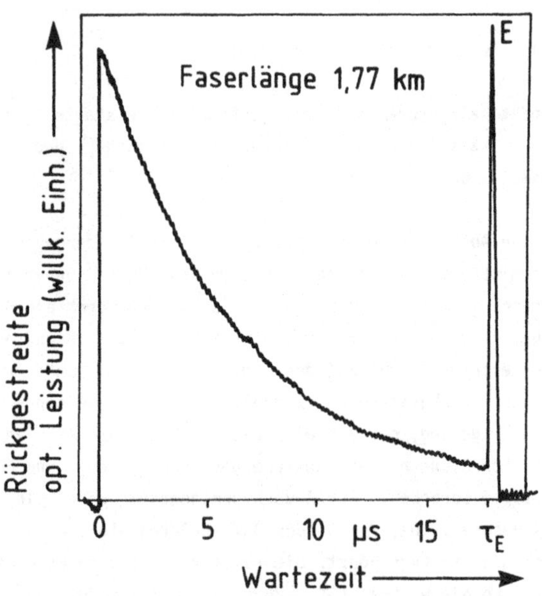

Bild 2-10: Meßergebnis einer Rückstreumessung an einer fehlerfreien Faser. Das mit "E" bezeichnete Maximum kennzeichnet den Reflex vom Faserende.

Mit der Rückstreumeßtechnik können die Dämpfungen auch bereits verlegter Faserkabel bestimmt werden. Daneben kann das Verfahren auch zur Analyse und Ortung von Faserinhomogenitäten verwendet werden./2.12/ In Abb.2-11 ist hierzu ein Beispiel gegeben. Bereiche unterschiedlicher Dämpfung äußern sich in unterschiedlicher Steilheit verschiedener Kurvenabschnitte, Faserbrüche führen zu starken Reflexen, schlechte Spleißstellen erscheinen als Stufen im Kurvenverlauf. Die Ortsauflösung ist durch die Dauer δT des Lichtpulses bestimmt. Ist der Lichtimpuls z.B. 20 ns lang, können einzelne Fehlerstellen bis auf ±1 m genau lokalisiert werden.

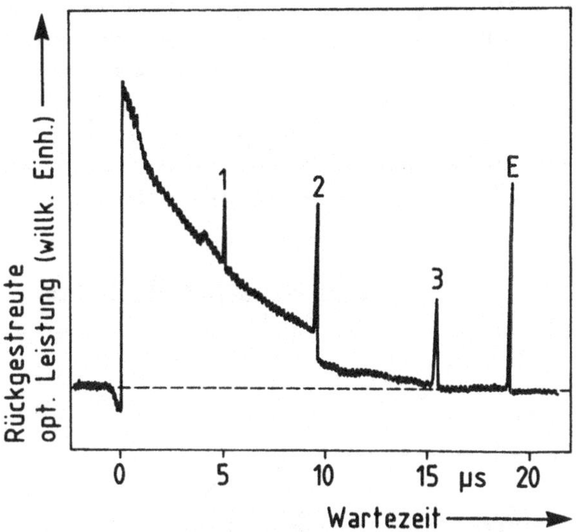

Bild 2-11: Rückstreumessung an einer Faser mit Störungen.

1: Reflexion in der Faser
2: Spleißstelle. Der Peak zeigt eine Reflexion an (verursacht z.B. durch einen Brechungsindexsprung, wie er bei Klebespleißen auftritt).Die Stufenhöhe ist ein Maß für die Spleißdämpfung
3: Faserbruch
E: Reflexion vom Faserende

Ein Problem bei der Rückstreumeßtechnik ist die Ausführung des Strahlteilers. Ein erheblicher Teil der Laserlichtleistung wird bereits an der Faserstirnfläche reflektiert. Die reflektierte Leistung ist wesentlich höher als die Streuleistung infolge Rayleighstreuung und kann so die APD oder den nachfolgenden Verstärker übersteuern. Von dieser Obersteuerung muß sich der Empfänger erst erholen, um die schwachen Rückstreusignale detektieren zu können. Das Obersteuern des Detektors kann vermieden werden, wenn geeignete Strahlteiler mit Richtkoppelwirkung eingesetzt werden. Ein Beispiel ist in Bild 2-12 skizziert./2.13/ Hierbei wird die Faserstirnfläche unter einem Winkel von ca. 30° angeschliffen. Das einzukoppelnde Licht trifft unter dem Brewsterwinkel (ca. 55°) auf diese Fläche auf und wird in die Faser hineingebrochen. Das in der Faser zurücklaufende Licht wird an der Eintrittsfläche reflektiert und verläßt die Faser räumlich vom Einkoppelstrahl getrennt. Alternativen zu dem beschriebenen Anschliffkoppler sind faseroptische Koppler /2.14/ oder polarisationsoptische Strahlteiler /2.2/.

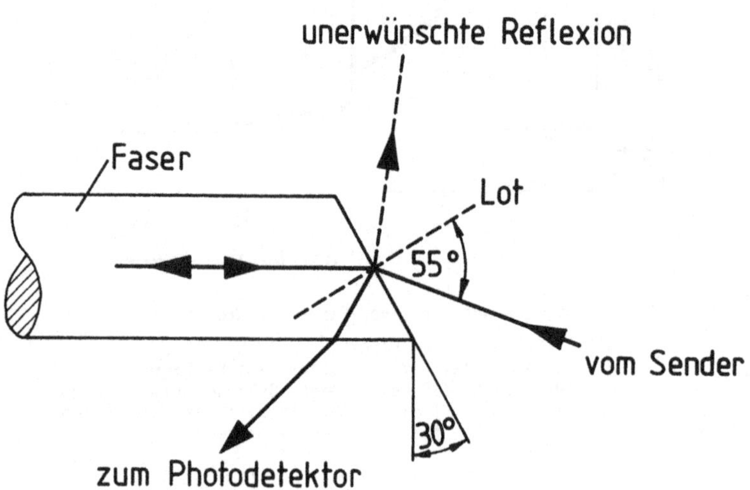

Bild 2-12: Strahlteiler mit Richtkopplerwirkung zur Ankopplung einer Faser an ein Rückstreumeßgerät

Die in der optischen Reflektometrie eingesetzten Lichtquellen müssen sehr kurze Lichtpulse bei hoher optischer Leistung abgeben. Spektral durchstimmbare Lichtquellen, die diesen Bedingungen genügen, sind sehr aufwendig. Deshalb ist diese Meßtechnik zur Messung der Wellenlängenabhängigkeit der Dämpfung weniger geeignet.

Der Rayleigh-Streukoeffizient ist proportional zu λ^{-4}./2.1 bis 2.3/ Je höher die Wellenlänge, desto geringer ist die relative Streuleistung und damit die nachweisbare rückgestreute Leistung. Die Abnahme der Streueffektivität wird aber kompensiert durch die wesentlich geringere Dämpfung der Fasern bei höheren Wellenlängen, so daß auch bei der Wellenlänge ~ 1.3 µm Messungen nach diesem Verfahren möglich sind.

Die absolute Streuleistung hängt weiterhin ab von der Gesamtzahl der Streuzentren in dem Volumenelement und damit vom Faserkerndurchmesser. Der viel kleinere Kerndurchmesser einer Monomodefaser resultiert in einer viel geringeren absoluten Streuleistung und erschwert deshalb prinzipiell den Einsatz des Verfahrens zur Bestimmung des Dämpfungsmaßes einer Monomodefaser.

2.3. Messung der Dispersion einer Glasfaser

2.3.1 Einführung

Die Übertragungskapazität eines Nachrichtenübertragungskanals wird begrenzt durch Verzerrungen, die die Eingangssignale während ihrer Fortleitung über den Kanal erfahren. Abbildung 2-13 zeigt zeitaufgelöst die Form eines Lichtimpulses vor und nach der Übertragung über eine Glasfaser. Der Impuls hat seine Gestalt verändert, insbesondere ist er zeitlich breiter geworden. Diese Impulsverbreiterung ist unerwünscht:

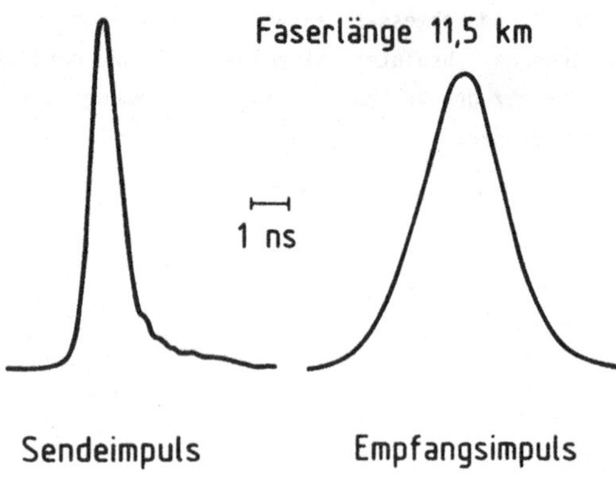

Bild 2-13: Impulsverformung beim Durchgang eines Lichtimpulses durch eine 11,5 km lange Faser.

zwei am Faseranfang noch zeitlich getrennte Lichtimpulse überlappen am Faserende, wenn sie sich während ihres Durchlaufs durch die Faser zu stark verbreitern. Bei allzu starker Verbreiterung können die beiden aufeinanderfolgenden Lichtimpulse zeitlich nicht mehr getrennt werden, sie werden vom Detektor als ein einziger Lichtimpuls registriert. Die in den beiden Lichtimpulsen enthaltene Information ist damit beim Durchgang durch die Faser verlorengegangen.

Umgekehrt kann gefolgert werden: die Verbreiterung der Impulse beim Durchgang durch die Faser erzwingt einen zeitlichen Mindestabstand, in dem die Impulse am Faseranfang aufeinanderfolgen dürfen, damit sie am Faserende noch getrennt werden können. Die Impulsverbreiterung bestimmt die Impulsfolgefrequenz und damit die maximal übertragbare Datenrate über die Faser. Bei der Planung eines Nachrichtensystems, das gepulste Signale überträgt, muß die zu erwartende Impulsverformung bekannt sein.

Man kann diesen experimentellen Befund vom Zeitbereich in den Frequenzbereich übertragen: Fouriertransformation von Eingangs- und Ausgangsimpuls liefert die Frequenzspektren, die zur Darstellung der Impulse herangezogen werden müssen. Zur Beschreibung der steilen Flanken des Eingangsimpulses sind höhere Frequenzen nötig als zur Beschreibung der nicht ganz so steilen Flanken des Ausgangsimpulses. Beim Durchgang des Lichtes durch die Faser werden offensichtlich die hohen Frequenzanteile stärker gedämpft als die tieferen Frequenzanteile. Mit anderen Worten: die Faser verhält sich bei Modulationsübertragung frequenzmäßig wie ein Tiefpaßfilter. Bei der Konzeption eines Nachrichtensystems mit analoger Übertragung muß diese Filtercharakteristik der Faser bekannt sein.

Man nennt diese signalverfälschende Eigenschaft der Faser kurz, aber ungenau "Dispersion der Faser" (fiber dispersion). Die Faserdispersion wird gemessen durch Analyse ihres Einflusses auf die Impulsübertragung ("Messung im Zeitbereich") oder durch Messung des Frequenz- und Phasengangs bei Modulationsübertragung ("Messung im Frequenzbereich"). Dieser Abschnitt stellt die entsprechenden Meßverfahren vor.

2.3.2 Messungen im Zeitbereich

2.3.2.1 Direkte Messung der Impulsverbreiterung /2.9,2.15/

Bei direkten Messungen der Impulsverbreiterung werden zeitlich kurze Lichtimpulse durch die Faser transmittiert und die Signalformen vor und hinter der Faser miteinander verglichen. Ist $p_{ein}(t)$ der zeitliche Verlauf des Lichtimpulses (der emittierten optischen Leistung) am Faseranfang und $p_{aus}(t)$ der Verlauf des Lichtimpulses am Faserende, so gilt unter der Voraussetzung, daß sich die Faser wie ein lineares System verhält: /2.16/

$$p_{aus}(t) = h(t) * p_{ein}(t) \tag{2.6a}$$

Das Symbol * kennzeichnet eine Faltung, d.h. es ist

$$h(t) * p_{ein}(t) := \int_{-\infty}^{\infty} h(t') \cdot p_{ein}(t-t')\, dt' \tag{2.6b}$$

h(t) ist die Impulsantwortfunktion; sie beschreibt den Einfluß des Übertragungsmediums, der Faser, auf die Impulsform.

In vielen Fällen ist es nicht nötig, den vollständigen zeitlichen Verlauf der Impulsantwortfunktion h(t) zu kennen. Stattdessen beschränkt man sich auf die Messung charakteristischer, von h(t) abhängiger Größen. Die wichtigste derartige Größe ist die Impulsdauer δt. In diesem Kapitel wird unter "Impulsdauer" die Hälfte der sog. "vollen effektiven Impulsbreite" verstanden. Eine Definition ist im Anhang gegeben. Es ist wichtig, sich die hier zugrundegelegte Definition der Impulsdauer vor Augen zu halten; alle Zahlenangaben und Umrechnungen gehen von dieser Definition aus.

Setzt man Gl.(2.6) in die Definitionsgleichung der Impulsdauer für den Ausgangsimpuls (siehe Anhang) ein, so erhält man /2.9/

$$(\delta t_{aus})^2 = (\delta t_{ein})^2 + \sigma^2 \tag{2.7}$$

mit

$$\sigma^2 = \frac{\int t^2 h(t)\, dt}{\int h(t)\, dt} - \left[\frac{\int t\, h(t)\, dt}{\int h(t)\, dt}\right]^2 \tag{2.8}$$

Darin sind δt_{ein} und δt_{aus} die Impulsdauern der Impulse am Faseranfang bzw. Faserende. Die Integrationen erstrecken sich von $-\infty$ bis $+\infty$.

σ ist durch Gl.(2.8) definiert. Die Definition enthält lediglich die die Faser charakterisierende Impulsantwort h(t). Formal entspricht Gl.(2.8) der Definitionsgleichung einer Impulsdauer, siehe Anhang. Man nennt σ die ImpulsVERBREITERUNG der Glasfaser. Die Impulsverbreiterung wird in ps oder in ns angegeben. Sie ist eine das untersuchte Faserstück bei den gewählten Meßbedingungen charakterisierende Größe. Insbesondere ist σ unabhängig von der Impulsform des Eingangssignals. Ziel der Messungen ist es, σ zu bestimmen.

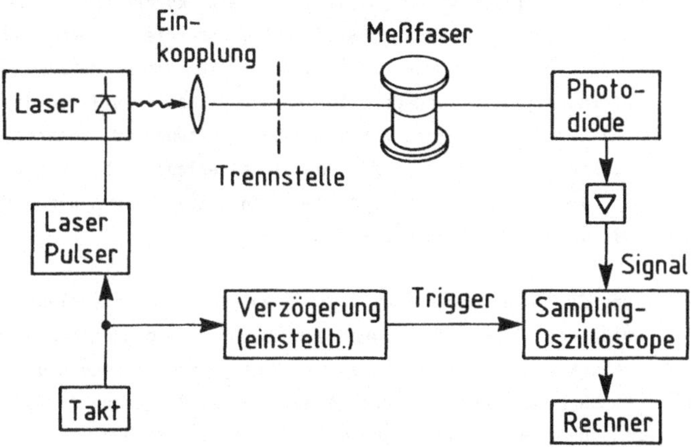

Bild 2-14: Meßaufbau zur Messung der Impulsverbreiterung

Der experimentelle Aufbau ist in Bild 2-14 dargelegt. In die Faser wird ein möglichst kurzer Lichtimpuls (Impulsdauer 100 - 200 ps) eingespeist. Als Lichtquelle dient ein Halbleiter-Impulslaser. Am Ende der Faserstrecke wird der Signalverlauf von einem pin-Photodetektor gemessen. Bei Messungen an Multimodefasern muß streng darauf geachtet werden, daß alle Modengruppen vom Detektor erfaßt werden. Die Zeitkonstante des Detektors soll so gering wie möglich sein, um Signalverzerrungen zu minimieren. Ist die Signalamplitude sehr gering, kann auch eine APD verwendet werden; allerdings muß dann mit einer Regelschaltung die Verstärkung der APD dem Signalpegel angepaßt werden, um Fehlmessungen durch die nichtlineare Verstärkung der APD zu vermeiden. Das elektrische Signal wird auf einem Sampling-Oszillographen dargestellt und zur Impulsdauerberechnung punktweise in einen Rechner eingelesen. Die einstellbare Verzögerung im Triggerkreis gleicht die Signallaufzeit durch die Faser aus.

Von der zu messenden Faser wird anschließend ein kurzes Stück abgeschnitten und daran die Messung wiederholt, ohne die Einkoppelbedingungen oder sonstige Meßparameter zu verändern. Bei dieser Messung wird zwischen Faserschwanzende und Detektor ein optisches Graufilter eingesetzt. Das Filter dämpft die zu detektierende Leistung und verhindert, daß der Detektor übersteuert wird. Der Signalverlauf am Faserschwanzende wird als Eingangssignal in die abgeschnittene Faser angesehen. Abbildung 2-13 zeigte diese Pulse.

Die Bestimmung der Impulsdauer aus dem gemessenen Signalverlauf ist einfach, wenn die Impulsform durch eine Gaußform approximiert werden kann. Bei stark von der Gaußform abweichenden Impulsformen muß die Pulsdauer durch numerische Integration nach Gl.(2.A2) berechnet werden. Aus den gemessenen Impulsdauern wird die Impulsverbreiterung mit Hilfe von Gl.(2.7) gewonnen.

Die gemessene Impulsverbreiterung ist abhängig von der zentralen Wellenlänge des zur Messung verwendeten Lichtes. (Definition der zentralen Wellenlänge siehe Anhang). Für Messungen der Wellenlängenabhängigkeit von σ wird der Halbleiterlaser durch einen Faser-Raman-Laser /2.17/ (bei Messungen im Wellenlängenbereich von ~ 1.1 µm bis ~ 1.6 µm) oder durch einen modengekoppelten Flüssigkeitslaser (bei Messungen im Wellenlängenbereich von ~ 0.8 µm bis ~ 1.0 µm) ersetzt. Diese Laser emittieren ein breites Wellenlängenspektrum, aus dem durch geeignete Filter ein schmaler Bereich der Breite $\delta\lambda$ ausgeblendet werden kann. Allerdings sind diese Laser sehr teuer, so daß entsprechende Messungen Forschungslaboratorien und Faserentwicklungszentren vorbehalten sind.

Bild 2-15 zeigt die Impulsverbreiterung einer Gradientenindex-Multimodefaser als Funktion der Wellenlänge.

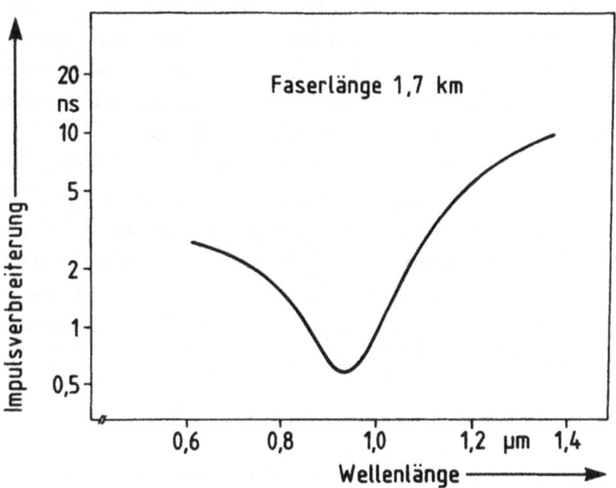

Bild 2-15: Impulsverbreiterung einer Gradientenindex-Multimodefaser als Funktion der Wellenlänge

Bei der Auswertung und Interpretation der Meßergebnisse muß sehr sorgfältig unterschieden werden, ob die gemessene Faser eine Monomode- oder eine Multimodefaser ist. Zur (gemessenen) Impulsverbreiterung tragen unterschiedliche Mechanismen bei. Zum einen sind dies die Wellenlängenabhängigkeit der Brechungsindizes der Glasfasermaterialien ("Materialdispersion") sowie der strukturelle Aufbau der Faser selbst ("Wellenleiterdispersion")./2.1 bis 2.3/ Beide Mechanismen werden zur "chromatischen Dispersion" zusammengefaßt. Die daraus resultierende Impulsverbreiterung wird mit σ_{ch} bezeichnet. Zum anderen kommt bei Multimodefasern noch hinzu die Impulsverbreiterung σ_{mod} durch Laufzeitunterschiede der einzelnen Moden./2.1 bis 2.3/ Die gemessene

Gesamtimpulsverbreiterung ist in guter Näherung /2.18/

$$\sigma^2 = \sigma_{ch}^2 + \sigma_{mod}^2 \tag{2.9}$$

Sowohl σ_{ch} als auch σ_{mod} sind abhängig von der Faserlänge. Die Impulsverbreiterung durch chromatische Dispersion ist streng proportional zur Faserlänge L: σ_{ch} = const·L ./2.1,2.2,2.9/ Eine entsprechende Proportionalität gilt aber wegen der Koppelung der Moden untereinander nicht für die Impulsverbreiterung durch Modenlaufzeitunterschiede: $\sigma_{mod} \neq$ const·L ./2.19/ Damit wächst auch die Gesamtimpulsverbreiterung σ einer Multimodefaser nicht linear mit der Faserlänge an. Diese Zusammenhänge werden in Bild 2-16 illustriert. In diesem Bild ist eine gemessene Impulsverbreiterung als Funktion der Faserlänge angeführt. Für diese Messung wurde nach jeder Impulsdauermessung die Faser gekürzt, ohne sonstige Meßparameter zu verändern. Die Impulsverbreiterung nimmt

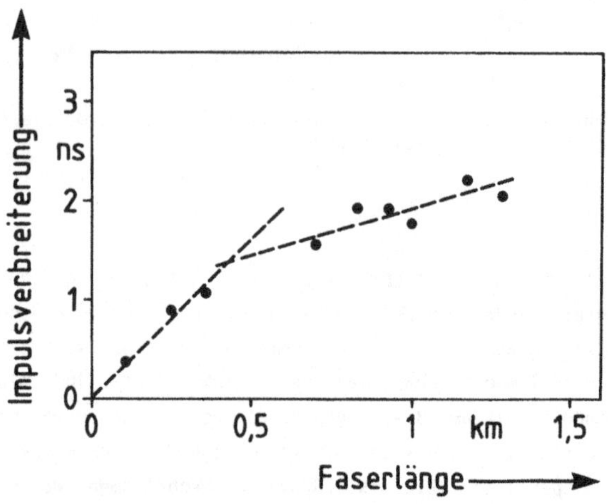

Bild 2-16: Abhängigkeit der Impulsverbreiterung einer Multimodefaser von der Faserlänge

zunächst linear mit der Faserlänge zu. Oberhalb einer bestimmten Faserlänge ist die Impulsverbreiterung aber nicht mehr proportional zur Faserlänge.

Es soll ausdrücklich darauf hingewiesen werden, daß dieses Verhalten auch dann eintritt, wenn optimale Anregungsbedingungen gewählt werden, wenn also in die Faser eine stationäre Modenverteilung eingekoppelt wird.

Es ist versucht worden, die Längenabhängigkeit der Impulsverbreiterung in Multimodefasern durch eine Beziehung der Art $\sigma_{mod} = const \cdot L^{\gamma}$ zu approximieren, wobei γ eine Zahl zwischen 0.5 und 1 ist./2.19/ Eine solche Angabe z.B. in den Datenblättern der Faserhersteller kann aber nur als ein sehr grober Anhalt aufgefaßt werden. Der Exponent γ muß für die betreffende Faser individuell ermittelt werden, der Übertrag von einer Faser auf eine andere ist nur sehr bedingt möglich. Zur exakten Bestimmung von γ müsste die Faser zerschnitten werden.

Diese Betrachtung macht deutlich, daß es nicht sinnvoll ist, die gemessene Impulsverbreiterung einer Multimodefaser auf die Faserlänge 1 km umzurechnen. Angaben der Art "diese Faser hat eine Impulsverbreiterung von ...ns/km durch Modenlaufzeitunterschiede" sind fragwürdig. Aussagekräftig ist einzig und allein die für die gegebene Faserlänge gemessene Impulsverbreiterung.

In einer Monomodefaser tritt a priori keine Impulsverbreiterung durch Modenlaufzeitunterschiede auf. Die Gesamtimpulsverbreiterung σ ist identisch mit der Impulsverbreiterung σ_{ch} durch chromatische Dispersion. Wie bei einer Multimodefaser charakterisiert eine gemessene Impulsverbreiterung $\sigma = \sigma_{ch}$ zunächst nur das Faserstück selbst, an dem die Messung durchgeführt wurde. σ_{ch} ist abhängig von der Länge L der Faser sowie von der spektralen Breite $\delta\lambda$ der zur Messung verwendeten Lichtquelle. Will man eine andere Faserlänge oder eine Lichtquelle mit anderer spektralen Breite einsetzen, so muß das Meßergebnis auf diese neuen Bedingungen extrapoliert werden. Dazu muß die formale Abhängigkeit der chromatischen Dispersion von diesen Parametern bekannt sein.

Es ist deshalb wünschenswert, aus einer gemessenen Impulsverbreiterung diejenigen Größen zu extrahieren, die es erlauben, die zu erwartende Impulsverbreiterung für beliebige Faserlängen und Lichtquellen zu berechnen. Diese Größen sind die beiden Dispersionskoeffizienten M_1 und M_2.

Es läßt sich zeigen:/2.3,2.20,2.21/ Wird in eine Monomodefaser ein Lichtimpuls der Dauer Δt_{ein} eingespeist, dessen spektrale Form durch eine Gaußfunktion mit der spektralen Breite $\Delta\lambda$ beschrieben wird und dessen zentrale Wellenlänge λ_z ist (siehe Anhang), so ist die resultierende Impulsverbreiterung bei der Wellenlänge $\lambda = \lambda_z$:

$$\sigma_{ch}^2(\lambda) = [L \cdot \Delta\lambda \cdot M_1(\lambda)]^2 + \frac{1}{2}[L \cdot (\frac{\Delta\lambda}{\lambda})^2 M_2(\lambda)]^2 \qquad (2.10)$$

mit
$$M_1(\lambda) := -\frac{\lambda}{c}\frac{d^2 n}{d\lambda^2} \qquad (2.11)$$

und
$$M_2(\lambda) := \frac{d}{d\lambda}(\lambda^2 M_1) = 2\lambda M_1(\lambda) + \lambda^2\frac{dM_1}{d\lambda} \qquad (2.12)$$

Darin sind L die Faserlänge und c die Vakuumlichtgeschwindigkeit. Sämtliche Ableitungen (hier wie in den folgenden Formeln) sind zu nehmen bei der Wellenlänge $\lambda = \lambda_z$. n ist der effektive Brechungsindex des Fasermaterials; in n sind die Brechungsindizes von Faserkern und -Mantel zusammengefaßt./2.3/ Die durch Gl.(2.11),(2.12) definierten Größen M_1 und M_2 heißen "Koeffizienten 1. und 2. Ordnung der chromatischen Dispersion" oder einfach kurz "Dispersionskoeffizienten". Gl.(2.10) gilt, solange $(\Delta\lambda)(\Delta t_{ein}) \gg \lambda^2/(4\pi c^2)$ ist./2.3/ Diese Bedingung ist in den weitaus meisten praktisch vorkommenden Fällen erfüllt.

Die Wellenlängenabhängigkeit des effektiven Brechungsindex n bzw. die davon abgeleiteten Dispersionskoeffizienten M_1 und M_2 beschreiben letztendlich die auftretende Impulsverbreiterung σ_{ch} einer Monomodefaser. Dabei ist es ausreichend, den Verlauf lediglich von M_1 als Funktion der (zentralen) Wellenlänge zu kennen: aus dem Verlauf von M_1 als Funktion von λ kann mit Hilfe von Gl.(2.12) durch numerische oder graphische Differentiation der Koeffizient 2.Ordnung $M_2(\lambda)$ berechnet werden. Aus M_1 und M_2 wiederum läßt sich über Gl.(2.10) die in der Anwendung wichtige Impulsverbreiterung σ_{ch} bestimmen. M_1 ist somit eine charakteristische Kenngröße einer Monomodefaser. Es ist deshalb sinnvoll, aus einer gemessenen Impulsverbreiterung σ_{ch} den Koeffizienten M_1 zu extrahieren und in Datenblättern als Funktion der Wellenlänge anzugeben.

Aus σ_{ch} wird M_1 über folgende Oberlegung bestimmt: es ist sicherlich $(\Delta\lambda/\lambda) \ll 1$. Damit wird der gesamte zweite Summand in Gl.(2.10) klein und kann gegenüber dem ersten Summanden vernachlässigt werden, solange dieser nicht selbst verschwindet. Letzteres ist der Fall für Wellenlängen, bei denen $M_1 \approx 0$ ist. Diejenige Wellenlänge, bei der $M_1 = 0$ ist, heißt "Dispersionsnullstelle"; sie wird im weitern mit λ_0 bezeichnet. In heutigen Glasfasern liegt die Dispersionsnullstelle bei $\lambda_0 \approx 1{,}3$ µm.

Weitab von der Dispersionsnullstelle, d.h. für $|\lambda - \lambda_0| \gg 0$, reduziert sich Gl.(2.10) somit auf

$$\sigma_{ch}(\lambda) = L \cdot \Delta\lambda \cdot |M_1(\lambda)| \qquad (\text{für } |\lambda - \lambda_0| \gg 0) \qquad (2.13)$$

Die Impulsverbreiterung ist hier proportional zur Faserlänge L und zur spektralen Breite $\Delta\lambda$ der (bei der Messung verwendeten) Lichtquelle. Man erhält M_1, indem man gemäß Gl.(2.13) das gemessene σ_{ch} durch L und durch $\Delta\lambda$ dividiert. Obliche Maßeinheit des Dispersionskoeffizienten M_1 ist demnach ps/(nm*km) . Es soll aber nochmals darauf hingewiesen werden, daß die Umrechnung nach Gl.(2.13) nur für Wellenlängen weitab von der Dispersionsnullstelle λ_0 korrekte Werte liefert.

Für $\lambda \approx \lambda_0$ wird $M_1 \approx 0$. In diesem Wellenlängenbereich geht Gl.(2.10) über in

$$\sigma_{ch}(\lambda) = \frac{1}{\sqrt{2}} L \, (\Delta\lambda)^2 \left| \frac{dM_1}{d\lambda} \right| \qquad (\text{für } \lambda \approx \lambda_0) \qquad (2.14)$$

Die Pulsverbreiterung ist jetzt proportional zum Quadrat der spektralen Halbwertsbreite. Für $\lambda \neq \lambda_0$ erhält man damit das zugehörige M_1 durch eine graphische Integration aus dem gemessenen σ_{ch}.

2.3.2.2 Laufzeitmessungen /2.1,2.22/

Es ist zumindest grundsätzlich möglich, die Impulsverbreiterung σ bei allen Wellenlängen zu messen. Allerdings kann σ so gering werden, daß sie durch direkten Vergleich gemessener Impulsdauern nicht mehr mit ausreichender Genauigkeit bestimmt werden kann. Insbesondere ist dies der Fall in Monomodefasern; hier trägt nur die sehr geringe chromatische Dispersion zur Impulsverbreiterung bei. Auf der anderen Seite ist bei Monomodefasern nicht die Impulsverbreiterung $\sigma = \sigma_{ch}$ selbst von Interesse; von viel größerer Bedeutung sind die Dispersionskoeffizienten M_1 und M_2. Direkte Messungen der Impulsverbreiterung σ_{ch} als Funktion der Wellenlänge mit dem Ziel, daraus den Dispersionskoeffizienten M_1 zu extrahieren, werden deshalb an Monomodefasern kaum durchgeführt. Der Dispersionskoeffizient 1.Ordnung $M_1(\lambda)$ einer Monomodefaser wird vielmehr indirekt aus Laufzeitmessungen abgeleitet.

Bei der Laufzeitmessung wird zum Zeitpunkt t_{ein} ein Lichtimpuls in die zu messende Faser eingekoppelt. Als Einkoppelzeitpunkt gilt dabei der Zeitpunkt, zu dem der Impulsschwerpunkt T_{ein} in die Faser eintritt. Der Impulsschwerpunkt kann mit der im Anhang beschriebenen Berechenvorschrift aus dem Zeitverlauf $p(t)$ der optischen Leistung am Faseranfang berechnet werden. Beim Durchgang durch die Faser "zerfließt" der Impuls, er wird zeitlich breiter. Auch für den verformten Impuls am Faserende wird wieder die zeitliche Lage T_{aus} des Impulsschwerpunktes berechnet. Die Zeit, die der Impulsschwerpunkt zum Durchlaufen der Faser benötigt hat, wird LAUFZEIT genannt und mit τ bezeichnet. τ ist wellenlängenabhängig: $\tau = \tau(\lambda)$. Zwischen dem Dispersionskoeffizienten $M_1(\lambda)$ und der wellenlängenabhängigen Laufzeit $\tau(\lambda)$ besteht der Zusammenhang /2.9,2.20/

$$M_1(\lambda) = \frac{1}{L} \frac{d\tau}{d\lambda} \qquad (2.15)$$

wenn der Spektralverlauf des Lichtpulses Gaußform hat. L ist die Faserlänge. Die Ableitung ist zu nehmen bei der zentralen Wellenlänge der Spektralverteilung. Die Laufzeitmessung liefert den Dispersionskoeffizienten im gesamten interessierenden Wellenlängenbereich, auch dort, wo

$M_1 \approx 0$ ist. Aus diesem Grunde ist die Laufzeitmessung die Standardmethode zur Bestimmung von M_1 geworden.

Bei der Berechnung von M_1 aus der Laufzeit τ wird nicht $\tau(\lambda)$ selbst benötigt, sondern die Ableitung $d\tau/d\lambda$. Deshalb können wellenlängenunabhängige additive Beiträge zur Laufzeit unberücksichtigt bleiben. Man setzt deshalb für $\tau(\lambda)$ gewöhnlich an: $\tau(\lambda) = \tau_{ref} + \Delta\tau(\lambda)$. Darin ist τ_{ref} eine Vergleichslaufzeit bei irgendeiner willkürlich gewählten Wellenlänge λ_{ref}, und $\Delta\tau(\lambda)$ ist die Abweichung von dieser Vergleichslaufzeit bei der Wellenlänge λ. Da $\frac{d}{d\lambda}\Delta\tau = \frac{d}{d\lambda}\tau$, kann somit die Laufzeitmessung ersetzt werden durch eine Messung der Laufzeitdifferenz $\Delta\tau$ als Funktion der Wellenlänge. Damit ergibt sich folgendes Meßverfahren:

Gemessen wird zunächst bei einer frei gewählten Wellenlänge λ_{ref} die Signalform (optische Leistung als Funktion der Zeit) eines durch die Faser transmittierten Lichtimpulses. Aus der Impulsform kann die zeitliche Lage $T_{aus}(\lambda_{ref})$ des Impulsschwerpunktes (relativ zu einem aus dem Meßsystem abgeleiteten Triggerzeitpunkt) mit Hilfe von Gl.(2.A4) berechnet werden. Dieser Zeitpunkt wird als Ankunftszeitpunkt des Impulses für die Wellenlänge λ_{ref} betrachtet; die zugehörige Impulslaufzeit ist die Vergleichslaufzeit τ_{ref}. τ_{ref} braucht nicht explizit bekannt zu sein, wenn man voraussetzt, daß für alle nachfolgenden Messungen der Einkoppelzeitpunkt unverändert bleibt, daß sich also der Einkoppelimpuls weder in Form noch in zeitlicher Lage verändert. Für die variable Wellenlänge λ wird dann ebenfalls nach dem beschriebenen Verfahren die Ankunftszeit $T_{aus}(\lambda)$ des Impulsschwerpunktes bestimmt. Die gesuchte Abweichung $\Delta\tau(\lambda)$ von der Vergleichslaufzeit τ_{ref} ist $\Delta\tau(\lambda) = T_{aus}(\lambda) - T_{aus}(\lambda_{ref})$.

Der Meßaufbau ist prinzipiell der gleiche wie in Bild 2-14, allerdings muß jetzt der Halbleiterlaser durch ein Lasersystem mit durchstimmbarer Wellenlänge ersetzt werden. Üblich für diese Meßaufgabe ist ein Faser-Raman-Laser. Die momentane Wellenlänge, auf die das System abgestimmt ist, wird in einen Rechner eingelesen. Die registrierte Signalform am Faserende wird digitalisiert und ebenfalls in den Rechner ein-

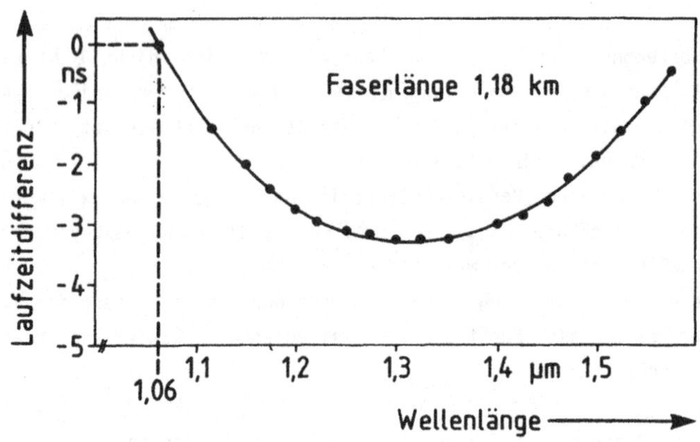

Bild 2-17: Impulslaufzeit durch eine Monomodefaser in Abhängigkeit von der Wellenlänge, bezogen auf die Laufzeit bei $\lambda = 1{,}06 \mu m$
Punkte = Meßpunkte
Durgezogene Linie = Anpaßkurve $\Delta\tau_{fit}$, berechnet nach Gl. (2.16)

gegeben. Der Rechner berechnet den Impulsschwerpunkt relativ zu dem vom Taktgenerator abgeleiteten Triggersignal bei der momentanen Meßwellenlänge. Abbildung 2-17 zeigt ein Meßresultat. Aufgetragen ist die Abweichung $\Delta\tau$ von einer Vergleichslaufzeit. Als Vergleichslaufzeit wurde die Laufzeit bei der Wellenlänge $\lambda_{ref} = 1{,}06$ µm genommen. Die Faserlänge war 1,18 km. Als Lichtquelle wurde ein Faser-Raman-Laser mit einer spektralen Breite von $\Delta\lambda = 2{,}5$ nm eingesetzt. Die negativen Laufzeiten in Bild 2-17 zeigen an, daß Licht entsprechender Wellenlänge kürzere Durchlaufzeiten durch die Faser hat als Licht der Wellenlänge 1.06 µm.

Zur Berechnung der Impulsverbreiterung muß aus den Meßdaten $\Delta\tau(\lambda)$ die Ableitung $\frac{d}{d\lambda}\Delta\tau = \frac{d}{d\lambda}\tau$ ermittelt werden. Dazu wird /2.22,2.23/ ein Polynom der Form

$$(\Delta\tau)_{fit}(\lambda) = A\lambda^{-4} + B\lambda^{-2} + C + D\lambda^2 + E\lambda^4 \qquad (2.16)$$

an die Meßpunkte angepaßt. Die Anpaßkurve ist als durchgezogene Linie in Bild 2-17 eingetragen. $(\Delta\tau)_{fit}$ kann analytisch differenziert werden und liefert dann über Gl.(2.15) den Dispersionskoeffizienten M_1.

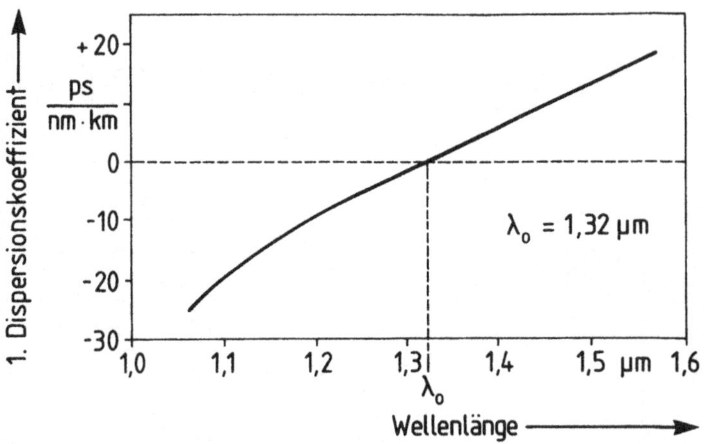

Bild 2-18: 1. Dispersionskoeffizient M_1, berechnet aus den Meßdaten bzw. der Anpaßkurve von Bild 2.17

Auf dieser Grundlage ist die in Bild 2-18 vorgestellte Dispersionskurve entstanden. Aufgetragen ist der nach Gl.(2.15) aus der in Bild 2-17 gezeigten Anpaßkurve abgeleitete Dispersionskoeffizient M_1 (in ps/(nm*km)) als Funktion der Wellenlänge λ.

Aus dem Verlauf von M_1 als Funktion der Wellenlänge läßt sich schließlich wieder die zu erwartende Impulsverbreiterung via Gl.(2.10) berechnen. Grundsätzlich könnte das in Gl.(2.10) benötigte $M_2 = \frac{d}{d\lambda}(\lambda^2 M_1)$ aus dem in Bild 2-18 dargestellten Kurvenverlauf von $M_1(\lambda)$ durch numerisches oder graphisches Differenzieren berechnet werden. In der Praxis geht man einen unmittelbareren Weg: aus Gl.(2.12),(2.15) folgt

$$M_2(\lambda) = \frac{d}{d\lambda}(\lambda^2 M_1) = 2\lambda M_1 + \lambda^2 \frac{d}{d\lambda} M_1$$

$$= \frac{1}{L}\left(2\lambda \frac{d\tau}{d\lambda} + \lambda^2 \frac{d^2\tau}{d\lambda^2}\right) \tag{2.17}$$

und somit

$$\sigma_{ch}^2 = \left(\Delta\lambda \frac{d\tau}{d\lambda}\right)^2 + \frac{1}{2}\left(\frac{\Delta\lambda}{\lambda}\right)^4 \left[2\lambda \frac{d\tau}{d\lambda} + \lambda^2 \frac{d^2\tau}{d\lambda^2}\right]^2 \tag{2.18}$$

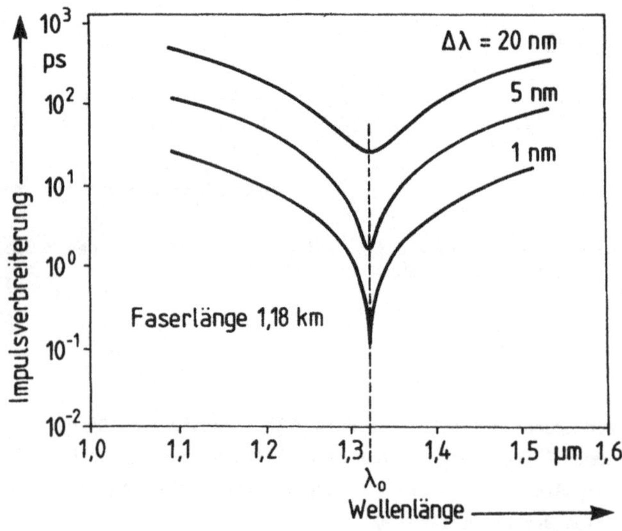

Bild 2-19: Impulsverbreiterung einer Monomodefaser, berechnet aus den Daten von Abb. 2-18. $\Delta\lambda$ ist die spektrale Breite einer fiktiven Lichtquelle.

σ_{ch} kann demnach direkt aus den Ableitungen $d\tau/d\lambda$ und $d^2\tau/d\lambda^2$ der Anpaßkurve $\Delta\tau_{fit}$ bestimmt werden. Bild 2-19 zeigt die auf diese Weise mit den gemessenen Daten von Bild 2-17 berechnete Impulsverbreiterung σ_{ch}. Parameter an die dargestellten Kurven ist die spektrale Breite $\Delta\lambda$ einer fiktiven Lichtquelle. Als Abschätzung ergibt sich für die Impulsverbreiterung σ_{ch} in den Grenzbereichen weitab von und direkt an der Dispersionsnullstelle λ_o aus Gl.(2.18):

$$\sigma_{ch} = \Delta\lambda \frac{d\tau}{d\lambda} \qquad (\text{für } |\lambda - \lambda_o| \gg 0) \qquad (2.19a)$$

$$\sigma_{ch} = \frac{1}{\sqrt{2}} (\Delta\lambda)^2 \frac{d^2\tau}{d\lambda^2} \qquad (\text{für } \lambda \approx \lambda_o) \qquad (2.19b)$$

2.3.3 Messungen im Frequenzbereich

2.3.3.1 Messung der Modulationsübertragungsfunktion /2.9,2.24/

Die Dispersion einer Glasfaser kann auch im Frequenzbereich gemessen werden. Dabei wird leistungsmoduliertes Licht durch die Faser transmittiert und Amplitude und Phase des transmittierten Signals aufgezeichnet.

Sind $P_{ein}(f)$ die (komplexe) Lichtleistungsamplitude am Faseranfang und $P_{aus}(f)$ die (komplexe) Lichtleistungsamplitude am Faserende bei der Modulationsfrequenz f, so gilt unter der Voraussetzung, daß die Faser sich wie ein lineares System verhält: /2.24,2.25/

$$P_{aus}(f) = H(f) \cdot P_{ein}(f) \qquad (2.20)$$

H(f) ist die (komplexe) Modulationsübertragungsfunktion und beschreibt die Filterwirkung der Faser. H(f) kann geschrieben werden in der Exponentialform $H(f) = |H(f)| \exp(-j\Phi(f))$. Darin sind der Betrag $|H(f)|$ und die Phase $\Phi(f)$ reelle Funktionen der Modulationsfrequenz f.

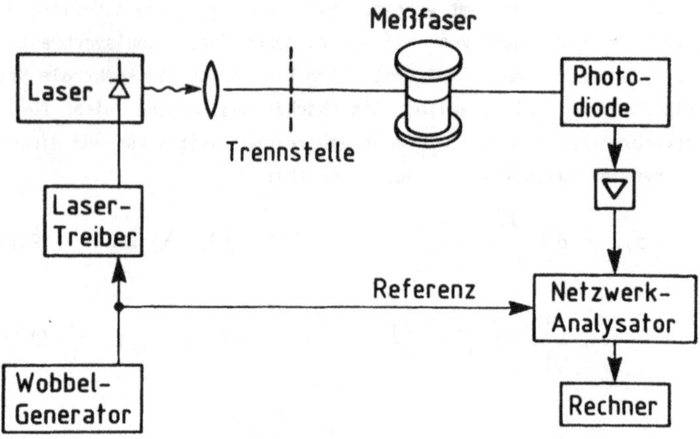

Bild 2-20: Meßaufbau zur Bestimmung der Modulationsübertragungsfunktion.

Abbildung 2-20 skizziert den Meßaufbau zur Bestimmung der Modulationsübertragungsfunktion nach der Wobbelmethode. Die optische Leistung einer Lichtquelle wird sinusförmig moduliert. Als Lichtquelle dient eine LED oder ein Laser; beide Bauelemente können über den Strom direkt moduliert werden. Der Verwendung dieser Bauelemente sind aber in beiden Fällen Grenzen gesetzt: Laser haben eine nichtlineare Kennlinie, was zu harmonischen Verzerrungen führt. LED's sind zwar sehr linear; nur spezielle LED's haben allerdings eine ausreichende Modulationsbandbreite.

Das durch die zu messende Faser transmittierte Licht wird am Faserende auf einen Photodetektor ausgekoppelt. Wegen des geringen Signalpegels bei hohen Modulationsfrequenzen und großen Faserlängen wird als Detektor meist eine APD verwendet. Die Nichtlinearitäten der APD müssen durch eine Regelschaltung zur Verstärkungskontrolle kompensiert werden.

Der Detektor wird in eine Koaxhalterung montiert; dies hält einerseits parasitäre Kapazitäten gering, andererseits ermöglicht es einen sauberen HF-Abschluß. Bei Messungen an Multimodefasern ist wieder darauf zu achten, daß alle Modengruppen vom Detektor erfaßt werden.

Das Detektorausgangssignal wird in einem Breitbandverstärker verstärkt und anschließend in einen Netzwerkanalysator eingespeist. Bei der Messung wird die Modulationsfrequenz über einen Meßbereich hinweg kontinuierlich durchgestimmt (gewobbelt). Die Modulationsamplitude sollte dabei möglichst konstant gehalten werden. Der Netzwerkanalysator mißt Betrag und Phase des elektrischen Signals relativ zu einem vom Modulator abgeleiteten Referenzsignal und legt das Meßergebnis in einem Rechner ab. Das Meßergebnis ist die kombinierte Frequenzantwort von Meßanordnung und zu messender Faser. Von der Faser wird anschließend ein Stück abgeschnitten, ohne die Einkoppelbedingungen oder sonstige Meßparameter zu verändern. Dann wird die Messung an diesem Faserschwanz wiederholt. Dieses Meßergebnis wird als Eingangssignal in die zu messende Faser angesehen und ebenfalls im Rechner abgelegt. Quotientenbildung liefert Betrag und Phase der Modulationsübertragungsfunktion.

Die gemessene Phasenverschiebung ist nicht allein bedingt durch die Faserdispersion, hinzu kommt die Phasenänderung durch die endliche Ausbreitungsgeschwindigkeit des Lichtes längs der Faser. Das Licht benötigt zum Durchlaufen der Faser eine gewisse Zeit. Damit besteht zwischen den optischen Phasen am Faseranfang und am Faserende eine Phasenverschiebung von ca. $10^4\pi$ rad je km Faserlänge. Diese Phasenverschiebung ist der Phasenverschiebung durch Faserdispersion überlagert. Um die Phasenverschiebung durch Faserdispersion überhaupt erfassen zu können, benötigt man deshalb für derartige Messungen extrem phasenstabile Modulatoren.

Betrag und Phase der Modulationsübertragungsfunktion einer Multimode-Stufenindexfaser sind in Bild 2-21 gezeigt. Bei der Modulationsfrequenz $f = 30$ MHz ist der Betrag der Übertragungsfunktion auf den Wert 1/2 abgefallen. Die Phase bei der Modulationsfrequenz $f=0$ Hz wurde willkürlich =0 gesetzt. Beschränkt man sich von vornherein auf die

Messung lediglich des Betrages der Obertragungsfunktion, so kann der Netzwerkanalysator durch einen Spektrumanalysator ersetzen werden.

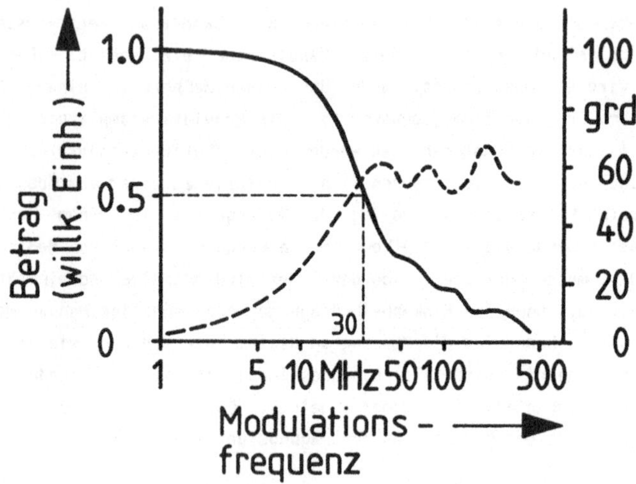

Bild 2-21: Betrag (durchgezogene Linie) und Phase (gestrichelte Linie) der Modulationsübertragungsfunktion einer Stufenindex-Multimodefaser

Für viele Berechnungen benötigt man nicht die vollständige Modulationsübertragungsfunktion. Man beschränkt sich auf die Angabe einer charakteristischen, von H(f) abhängigen Größe. Die wichtigste derartige Größe ist die Obertragungsbandbreite B. B gibt diejenige Grenzfrequenz an, bei der der Betrag der Modulationsantwort auf die Hälfte abgefallen ist, /*/ bezogen auf den Betrag der Modulationsantwort bei der Frequenz f=0: /2.25/

$$\left| H(f=B) \right| = \frac{1}{2} \left| H(f=0) \right| \qquad (2.21)$$

Die Angabe einer Bandbreite bei der Modulationsübertragung charakterisiert den Einfluß der Glasfaser auf die Signalübertragung nicht vollständig, verschafft aber einen in den meisten Fällen ausreichenden Überblick. Die in Abb.2-21 gezeigte Faser hat eine Bandbreite von B = 30 MHz.

Die Bandbreite ist wellenlängenabhängig: $B = B(\lambda)$. Zur Messung der Wellenlängenabhängigkeit benötigt man eine bis zu extrem hohen Frequenzen modulierbare Lichtquelle, die entweder spektral durchstimmbar ist oder ein breites Wellenlängenspektrum emittiert, aus dem die gewünschte Wellenlänge herausgefiltert werden kann. Damit scheiden Halbleiterlaser als Lichtquelle aus. Spektral breitbandige LED's haben (von einigen Ausnahmen abgesehen) keine ausreichende Modulationsbandbreite. Spektral aufgelöste Direktmessungen der Bandbreite werden deshalb nur selten durchgeführt.

Bei der Auswertung der Meßergebnisse muß wieder zwischen Messungen an Monomodefasern und an Multimodefasern unterschieden werden. Der gemessene Betrag und die gemessene Phase der Modulationsübertragung - und damit auch die gemessene Modulationsbandbreite - sind in beiden Fasertypen abhängig von der Länge L der Faser: $B = B(L)$. Für Multimodefasern wird die Längenabhängigkeit vielfach durch eine Beziehung der Art $B = const/L^{\gamma}$ approximiert, wobei γ eine Zahl zwischen 0.5 und 1 ist (siehe auch Abschnitt 2.3.2.1)./2.26/ In Datenblättern der Faser-

---

/*/ Über eine Glasfaser wird optische Leistung übertragen. Eine Leistungsabnahme auf die Hälfte des Bezugswertes entspricht einem 3-dB-Abfall. Man bezeichnet diese Bandbreite deshalb als 3-dB OPTISCHE Bandbreite der Faser. Die optische Leistung wird vom Photodetektor in einen leistungsproportionalen Strom umgewandelt. Dieser Strom ruft einen Spannungsabfall an einem Meßwiderstand hervor. Abnahme der optischen Leistung um 3 dB bewirkt so einen Abfall der elektrischen Leistung an diesem Meßwiderstand um 6 dB, da sowohl Strom als auch Spannung jeweils um 3 dB abgenommen haben. Die 3-dB optische Bandbreite wird folglich auch als 6-dB ELEKTRISCHE Bandbreite bezeichnet.

hersteller wird dann als charakteristischer Faserparameter das Produkt aus gemessener Bandbreite einer Multimodefaser und Faserlänge (sog. Bandbreiten-Längen-Produkt, Maßeinheit MHz*km$^{\gamma}$) angegeben. Diese Angabe hat aber aus den schon erwähnten Gründen keine allzu große Aussagekraft und kann allenfalls als worst-case-Abschätzung herangezogen werden.

Wie bereits in Abschnitt 2.3.1 diskutiert, beschreiben in Monomodefasern letztendlich die Dispersionskoeffizienten M_1 und M_2 die Signalverzerrungen durch die Faser und damit auch die Bandbreite der Faser. Es ist deshalb sinnvoll, aus der gemessenen Bandbreite wieder diese Koeffizienten zu extrahieren. Es läßt sich zeigen: zwischen der Bandbreite B und den Dispersionskoeffizienten besteht die Relation /2.21,2.22/

$$\frac{1}{2} = [1+G^2(\lambda)]^{-1/4} \exp\left[-\frac{1}{2}\left(\frac{2\pi B(\lambda) L \Delta\lambda M_1(\lambda)}{1+G^2(\lambda)}\right)^2\right] \qquad (2.22)$$

wobei zur Abkürzung

$$G(\lambda) := 2\pi B(\lambda) L \cdot M_2(\lambda) \left(\frac{\Delta\lambda}{\lambda}\right)^2 \qquad (2.23)$$

gesetzt wurde. L ist die Faserlänge und $\Delta\lambda$ die spektrale Breite der (ein gaußförmiges Spektrum emittierenden) Lichtquelle. Aus diesen Gleichungen läßt sich M_1 nur mit hohem Aufwand berechnen. Die Gleichungen können aber sich für zwei Grenzfälle stark vereinfacht werden:

abseits der Dispersionsnullstelle λ_0 ist der Beitrag von G vernachlässigbar, und Gl.(2.22) geht über in

$$\frac{1}{2} = \exp\left[-\frac{1}{2}(2\pi B L \Delta\lambda M_1)^2\right] \qquad (2.24a)$$

bzw. $$B \cdot L \cdot \Delta\lambda \, |M_1| = \frac{\sqrt{2\ln 2}}{2\pi} \approx 0{,}187 \qquad (\text{für } |\lambda - \lambda_0| \gg 0) \qquad (2.24b)$$

Die Bandbreite ist hier umgekehrt proportional zur Faserlänge L und zur spektralen Breite $\Delta\lambda$. Mit Hilfe von Gl.(2.24b) kann man M_1 aus dem gemessenen B berechnen. Die Berechnung liefert aber aufgrund der Voraussetzungen ein korrektes Ergebnis nur für Wellenlängen abseits von $\lambda_0 \approx 1.3$ µm.

Aus Gl.(2.24b) kann man weiterhin entnehmen, daß das Produkt $B \cdot L \cdot \Delta\lambda$ für Wellenlängen abseits der Dispersionsnullstelle eine faserspezifische Konstante, nämlich $0{,}187/M_1$ ist. Man könnte dieses Produkt "spezifische Bandbreite der Faser" (Maßeinheit MHz*km*nm) nennen. In Datenblättern wird häufig diese spezifische Bandbreite angegeben. Man erhält sie durch Multiplikation der gemessenen Bandbreite (Maßeinheit MHz) mit der Faserlänge (Maßeinheit km) und der spektralen Breite der bei der Messung verwendeten Lichtquelle (Maßeinheit nm). Man sollte sich aber bewußt sein, daß eine solche Angabe nur für Wellenlängen abseits der Dispersionsnullstelle sinnvoll ist.

In der Umgebung der Dispersionsnullstelle ist $M_1 \approx 0$, und Gl.(2.22) reduziert sich auf

$$\frac{1}{2} = [1 + G^2(\lambda)]^{-1/4} \tag{2.25a}$$

$$\text{bzw.} \quad B \cdot L \cdot (\Delta\lambda)^2 \left| \frac{dM_1}{d\lambda} \right| = \frac{\sqrt{15}}{2\pi} \approx 0{,}616 \qquad (\text{für } \lambda \approx \lambda_0) \tag{2.25b}$$

Die Bandbreite ist umgekehrt proportional zur Faserlänge L und zum Quadrat der spektralen Breite $\Delta\lambda$. Man erhält den nichtverschwindenden Rest von M_1 aus dem gemessenen B durch graphische Integration.

2.3.4 Umrechnung Zeitbereichsmessung - Frequenzbereichsmessung

Die Meßergebnisse der Dispersionsmessungen im Zeit- bzw. Frequenzbereich können ineinander umgerechnet werden. H(f) ist die Fouriertransformierte von h(t) (und umgekehrt):/2.24,2.25/

$$H(f) = \int_{-\infty}^{\infty} h(t) \exp(-j2\pi f t)\, dt \tag{2.26a}$$

$$h(t) = \frac{1}{2\pi} \int_{-\infty}^{\infty} H(f) \exp(-j2\pi ft)\, dt \qquad (2.26b)$$

Für die Fouriertransformation müssen Betrag und Phase von H(f) für alle Frequenzen (bzw. h(t) zu allen Zeiten t) exakt bekannt sein, d.h. man benötigt jeweils den vollständigen Verlauf der Modulationsübertragungsfunktion bzw. der Impulsantwort. Die Fouriertransformation ist mathematisch aufwendig, liefert aber genaue Ergebnisse. Ein vereinfachtes Rechenverfahren als Ersatz der exakten Fouriertransformation ist in /2.27/ beschrieben.

In vielen Fällen will man lediglich aus einer gemessenen Impulsverbreiterung σ die korrespondierende Bandbreite B bestimmen. Dann gilt /2.25,2.27/

$$B = \frac{\sqrt{2\ln 2}}{2\pi} \cdot \frac{1}{\sigma} \cdot (1 + \text{höhere Terme}) \qquad (2.27)$$

mit σ aus Gl.(2.7). Die "höheren Terme" berücksichtigen Abweichungen der realen Impulsform des Eingangs- oder Ausgangsimpulses von einem idealen Gaußimpuls. Haben sowohl Eingangs- wie Ausgangsimpuls Gaußform, so geht Gl.(2.27) über in /*/

$$B \cdot \sigma = \frac{\sqrt{2\ln 2}}{2\pi} \approx 0{,}187 \qquad (2.28)$$

Gl.(2.28) ermöglicht die Umrechnung der gemessenen Impulsverbreiterung

---

/*/ In der Literatur findet man häufig andere Umrechnungsfaktoren. Der Grund hierfür liegt in der uneinheitlichen Definition der Impulsdauer. Legt man beispielsweise einen Gaußimpuls zugrunde und versteht unter "Impulsdauer" dessen FWHM-Breite t_{FWHM} (volle Breite bei halber Maximalamplitude), so besteht zwischen t_{FWHM} und der hier zugrundegelegten Dauer $\Delta\tau$ der Zusammenhang $t_{FWHM} = 2{,}35 \cdot \Delta t$. In diesem Fall wird $B \cdot \sigma_{FWHM} = 0.441$, wobei in Analogie zu Gl.(2.7) jetzt

$$\sigma^2_{FWHM} = (t^{aus}_{FWHM})^2 - (t^{ein}_{FWHM})^2$$

in eine korrespondierende Bandbreite mit ausreichender Genauigkeit auch bei Multimodefasern, sofern Eingangs- und Ausgangsimpuls näherungsweise Gaußform haben./2.25/ Bei stark von der Gaußform abweichenden Signalformen muß die exakte Fouriertransformation durchgeführt werden.

Bei Monomodefasern ist die Bedingung der exakten Gaußform lediglich für Wellenlängen abseits von der Dispersionsnullstelle λ_0 erfüllt./2.3/ Die Fouriertransformation allerdings ist auch für Wellenlängen $\lambda \approx \lambda_0$ geschlossen durchführbar und liefert die auch aus den Gleichungen (2.13) und (2.24b) bzw. (2.14) und (2.25b) ableitbaren Beziehungen

$$B \cdot \sigma = \frac{\sqrt{2\ln 2}}{2\pi} = 0{,}187 \qquad (\text{für } |\lambda - \lambda_0| \gg 0) \qquad (2.29a)$$

$$B\,\sigma = \frac{\sqrt{15}}{2\pi\sqrt{2}} = 0{,}435 \qquad (\text{für } \lambda \approx \lambda_0) \qquad (2.29b)$$

Häufig soll aus einer Laufzeitmessung die Bandbreite einer Monomodefaser abgeleitet werden. Dazu werden zunächst aus der spektralen Abhängigkeit der Laufzeit die Dispersionskoeffizienten M_1 und M_2 berechnet, wie in 2.3.2.2 beschrieben. Die Koeffizienten werden anschließend in Gl.(2.22),(2.23) eingesetzt. Aus diesen Gleichungen wird iterativ die Bandbreite B berechnet. Abbildung 2-22 zeigt die spektrale Abhängigkeit der Bandbreite einer Monomodefaser. Die Kurve wurde nach dem beschriebenen Verfahren aus den in Bild 2-17 gezeigten Meßdaten gewonnen. Als Abschätzung kann man aus den Gleichungen Gl.(2.24b),(2.25b),(2.15) entnehmen: /2.28/

$$B = \frac{\sqrt{2\ln 2}}{2\pi} \frac{1}{\Delta\lambda \left|\frac{d\tau}{d\lambda}\right|} \qquad (\text{für } |\lambda - \lambda_0| \gg 0) \qquad (2.30a)$$

$$B = \frac{\sqrt{15}}{2\pi} \frac{1}{(\Delta\lambda)^2 \left|\frac{d^2\tau}{d\lambda^2}\right|} \qquad (\text{für } \lambda \approx \lambda_0) \qquad (2.30b)$$

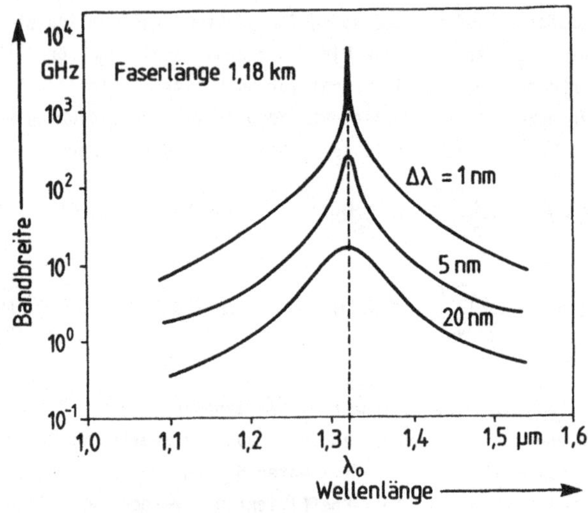

Bild 2-22: Bandbreite einer Monomodefaser als Funktion der Wellenlänge. $\Delta\lambda$ ist die spektrale Breite einer fiktiven Lichtquelle. Die Bandbreite wurde aus den Daten von Abb. 2-18 berechnet.

2.4 Messung der speziellen Eigenschaften einer Monomodefaser

2.4.1 Einführung

In zukünftigen optischen Breitbandübertragungssystemen werden vorzugsweise Monomodefasern als Lichtwellenleiter eingesetzt werden. Es ist deshalb wichtig, neben der Dämpfung und der Dispersion der Faser auch diejenigen speziellen Eigenschaften zu kennen, die eine Faser als Monomodefaser ausweisen. Insbesondere sind dies die Grenzwellenlänge (cut-off-wavelength) λ_c und die Gauß'sche Strahlweite (Gaussian spot size) w_0 der Faser.

Die Anzahl der in einer Glasfaser geführten Moden hängt ab von der Wellenlänge des zu führenden Lichtes. Für jede Mode bzw. Modengruppe mit Ausnahme der Grundmode gibt es eine Abschneidewellenlänge, oberhalb der die betrachtete Mode nicht mehr ausbreitungsfähig ist./2.1 bis 2.3/ Als "Grenzwellenlänge λ_c" bezeichnet man diejenige Wellenlänge, oberhalb der nur noch die Grundmode ausbreitungsfähig ist: die Faser ist zur Monomodefaser geworden. λ_c ist abhängig von der Fasergeometrie und von den Brechnungsindizes der verwendeten Glasmaterialien. λ_c muß deshalb für jede Faser durch Messung bestimmt werden.

Die radiale Verteilung der optischen Leistung in einer Monomodefaser kann bei Betriebswellenlängen in der Nähe der Grenzwellenlänge in guter Näherung approximiert werden durch eine Gaußfunktion: /2.29/

$$P(r) = P_0 \exp(-2r^2/w_0{}^2) \qquad (2.31)$$

w_0 heißt "Gauß'sche Strahlweite" der Fasergrundmode und ist ein Maß für die radiale Ausdehnung des optischen Feldes in der Faser. w_0 beherrscht damit alle Berechnungen von Koppelanordnungen mit Monomdefasern./2.29/

In diesem Abschnitt werden Meßtechniken zur Bestimmung dieser beiden Kenngrößen einer Monomodefaser vorgestellt.

2.4.2 Messung der Grenzwellenlänge

Eine Abschätzung der Grenzwellenlänge kann aus der spektralen Dämpfungskurve der Faser erfolgen. Solange das in die Faser eingekoppelte Licht eine Wellenlänge $\lambda<\lambda_c$ hat, wird das Licht auf der Faser in mehreren Moden oder Modengruppen geführt. Mit zunehmender Wellenlänge werden die Abschneidewellenlängen der einzelnen Modengruppen erreicht und schließlich überschritten. Die betrachteten Moden sind nicht mehr ausbreitungsfähig, in diesen Moden kann kein Licht mehr geführt werden.

In der Nachbarschaft ihrer jeweiligen Abschneidewellenlänge nimmt die radiale Ausdehnung eines Modenfeldes stark zu. Die Modenfelder reichen jetzt weit in das Mantelmaterial oder sogar in den Schutzüberzug der Faser hinein./2.30/ In diesen Faserbereichen ist die Dämpfung höher als im Faserkerngebiet. Diese Moden werden besonders stark gedämpft. Mit zunehmender Betriebswellenlänge wächst damit auch die über alle Moden gemittelte Gesamtdämpfung der Faser, sobald die Betriebswellenlänge in die Nähe einer Abschneidewellenlänge kommt. Ist oberhalb ihrer Abschneidewellenlänge die betrachtete Mode nicht mehr ausbreitungsfähig, so geht die Gesamtdämpfung der Faser wieder zurück.

In einer spektralen Auftragung der Dämpfung als Funktion der Betriebswellenlänge äußert sich dieses Verhalten in Form von Dämpfungsmaxima, die den anderen Dämpfungsbeiträgen überlagert sind. Ein in allen Wellenlängenbereichen auftretender Dämpfungsmechanismus ist die Rayleighstreuung. Der Dämpfungsbeitrag durch Rayleighstreuung ist proportional zu λ^{-4}. Eine Auftragung des gemessenen Dämpfungsverlaufes über λ^{-4} sollte eine Gerade ergeben. Jede Abweichung von einer Geraden weist auf Zusatzdämpfung hin.

In Bild 2-23 ist der aus Bild 2-7 bereits bekannte Dämpfungsverlauf nochmals aufgetragen, diesmal als Funktion von λ^{-4}. Der Dämpfungsbeitrag durch Rayleighstreuung ist in dieser Auftragung gut als Gerade zu erkennen. Der Geraden sind einige Dämpfungsmaxima überlagert. Zum Teil sind dies OH^--Absorptionsbanden./2.1 bis 2.3/ Die Maxima bei den Wellenlängen ~0.8 µm und ~1.1 µm sind die durch starke radiale Ausdehnung einzelner Modengruppen hervorgerufene zusätzliche Dämpfung der optischen Gesamtleistung. Oberhalb der Wellenlänge für das letzte dieser Zusatzmaxima ist auf der Faser nur noch eine einzige Mode ausbreitungsfähig. Für die in Bild 2-23 gezeigte Faser kann die Grenzwellenlänge zu ~ 1.19 µm abgeschätzt werden.

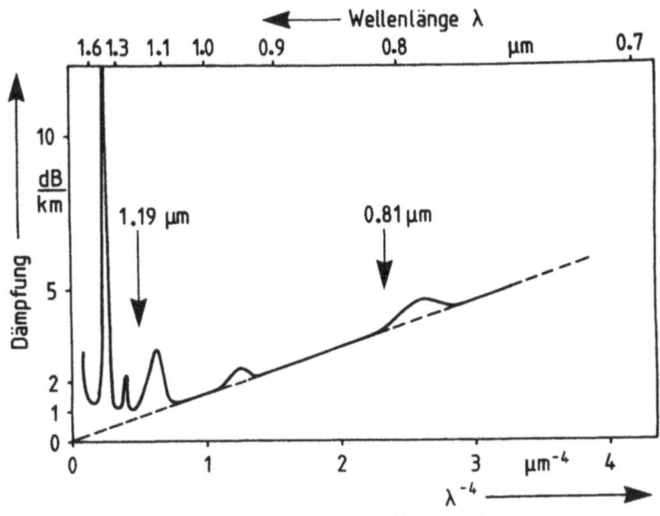

Bild 2-23: Dämpfung einer Monomodefaser. Auftragung zur Bestimmung der Grenzwellenlänge.

Der Dämpfungszuwachs in der Nähe der Abschneidewellenlängen kann drastisch gesteigert werden, wenn die Faser gebogen wird. Zu den bereits vorhandenen Dämpfungsursachen tritt dann noch die Dämpfung durch Mikrokrümmungen der Faser. Von diesen Dämpfungsmechanismen sind wieder insbesondere diejenigen Moden betroffen, deren Feld radial weit nach außen reicht.

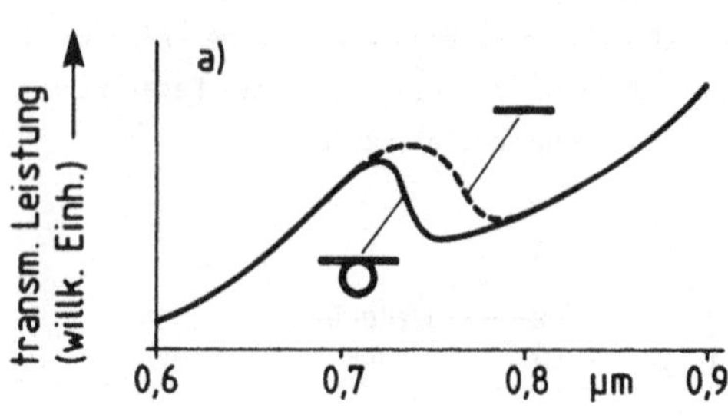

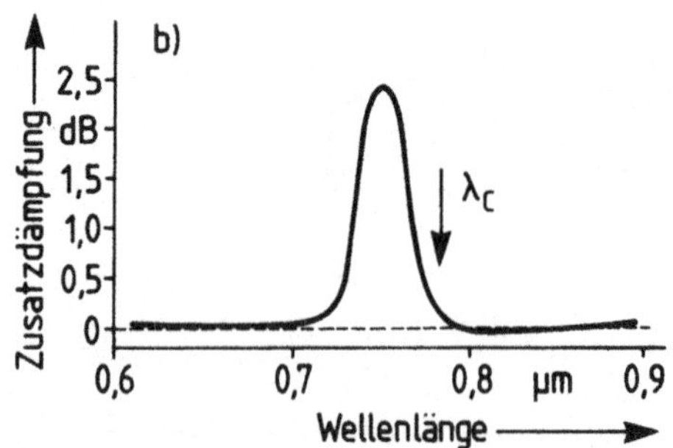

Bild 2-24: Bestimmung der Grenzwellenlänge

a) transmittierte Leistung durch eine gerade ausgelegte (Meßkurve ———) bzw. um eine Scheibe mit 15 cm Radius gewundene (Meßkurve) Faser

b) Zusatzdämpfung durch die Faserbiegung. λ_c bezeichnet die Grenzwellenlänge.

Die Transmission durch eine gebogene Faser in der Nähe der Grenzwellenlänge wird in Bild 2-24a gezeigt. Aufgetragen ist die transmittierte Leistung als Funktion der Wellenlänge bei verschiedenen Meßbedingungen. Die Faser ist nur einige Meter lang, der Meßaufbau ist derselbe wie in Bild 2-6 skizziert. Zunächst wurde die Faser auf ihrer vollen Länge gerade ausgelegt. Die entsprechende Meßkurve ist in Bild 2-24a mit "———" bezeichnet. Anschließend daran wurde die Faser kurz hinter dem Einkoppelende um eine Scheibe mit 15 cm Durchmesser gelegt; die zugehörige Meßkurve ist mit "—○—" bezeichnet. In Bild 2-24b ist die analog zu Gl.(2.2) berechnete Zusatzdämpfung durch die Faserbiegung aufgetragen. Die Grenzwellenlänge ist die längste Wellenlänge, bei der Zusatzdämpfung auftritt./2.31,2.32/ Für die gezeigte Faser ist λ_c = 0,785 µm.

Bei diesem Meßverfahren kommt es entscheidend auf gute Mantelmodenabstreifer an. In der praktischen Durchführung wird die Faser auf ihrer vollen Länge mit Mantelmodenabstreifer versehen.

2.4.3 Messung der Gauß'schen Strahlweite

Die Gauß'sche Strahlweite w_0 ist ein Maß für die radiale Ausdehnung des optischen Feldes der Fasergrundmode. Die Meßidee zur Messung von w_0 ist in Bild 2-25 schematisch dargestellt. Untersucht wird die räumliche Leistungsverteilung des aus der Faserstirnfläche abgestrahlten Lichtes. Der emittierte Lichtstrahl weitet sich in radialer Richtung auf, die Leistungsverteilung in einer Ebene senkrecht zur Faserachse im Abstand z von der Faserstirnfläche ist

$$P(r,z) = P_0(z) \exp\left(\frac{-2r^2}{w^2(z)} \right) \qquad (2.32)$$

r ist die Radialkoordinate. w(z) charakterisiert die radiale Ausdehnung des Feldes im Abstand z. In einer Messung kann w(z) bestimmt werden als derjenige radiale Abstand, bei dem die Leistung auf $1/e^2$ des Maximalwertes $P_0(z)$ abgefallen ist: $P(r=w(z),z) = P_0(z)/e^2$. Zwischen w(z) und der zu bestimmenden Strahlweite w besteht der Zusammenhang

$$w^2(z) = w_0^2\left[1 + \left(\frac{\lambda}{\pi w_0^2} z \right)^2\right] \qquad (2.33)$$

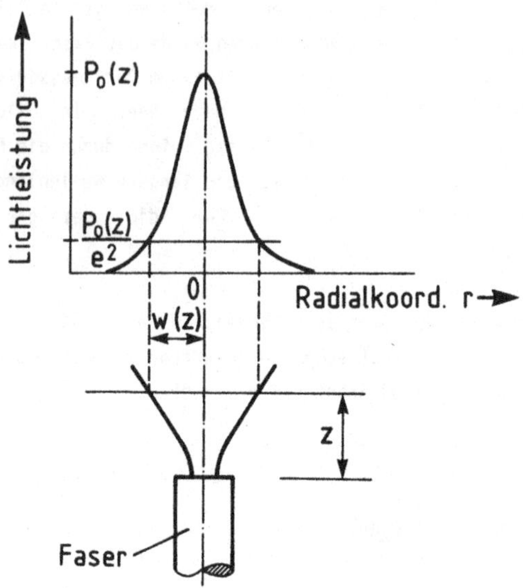

Bild 2-25: Berechnung der Gauß'schen Strahlweite aus der räumlichen Verteilung des abgestrahlten Lichtes

Für großes z geht Gl.(2.33) über in

$$w(z) = \frac{\lambda}{\pi w_0} z \tag{2.34}$$

Trägt man das für mehrere Werte von z gemessene w(z) als Funktion von z auf, so erhält man eine Gerade mit der Steigung $\lambda/(\pi w_0)$. Daraus läßt sich w_0 bei bekannter Wellenlänge bestimmen./2.33/

Für die Messung wird die Faser auf einem von einem Schrittmotor angetriebenen Schiebetisch befestigt. Die Bewegung des Tisches wird über hochauflösende induktive Wegaufnehmer (Auflösung < 0.1 µm) abgegriffen. Im Abstand z (z typisch einige mm) von der Faserstirnfläche befindet sich der Detektor mit einer vorgesetzten Lochblende (Lochdurchmesser ca. 100 µm). Die Lochblende sorgt für eine hohe Ortsauflösung bei der Messung. Sehr bewährt haben sich für diese Meßaufgabe Detektoren mit integriertem Multimode-Faserschwanz. Hier übernimmt die Faserquerschnittsfläche die Aufgabe der Lochblende. In die Faser wird Licht der Wellenlänge $\lambda \geq \lambda_c$ eingekoppelt. Gemessen wird bei verschiedenen Abständen z die aus der Faserstirnfläche abgestrahlte optische Leistung als Funktion des radialen Abstandes r von der Faserachse, siehe Abb.2-25. Die gemessene Leistungsverteilung ist die nach Gl.(2.32) zu erwartende Gaußkurve. Aus dem Kurvenverlauf kann w(z) als derjenige Abstand von der Faserachse entnommen werden, bei der die Lichtleistung auf $1/e^2$ abgefallen ist. Um die Empfindlichkeit der Meßanordnung zu steigern, wird in die Faser gepulstes Licht eingekoppelt (vergl. Bild 2-6) und die abgestrahlte Leistung mit Lock-In-Technik gemessen.

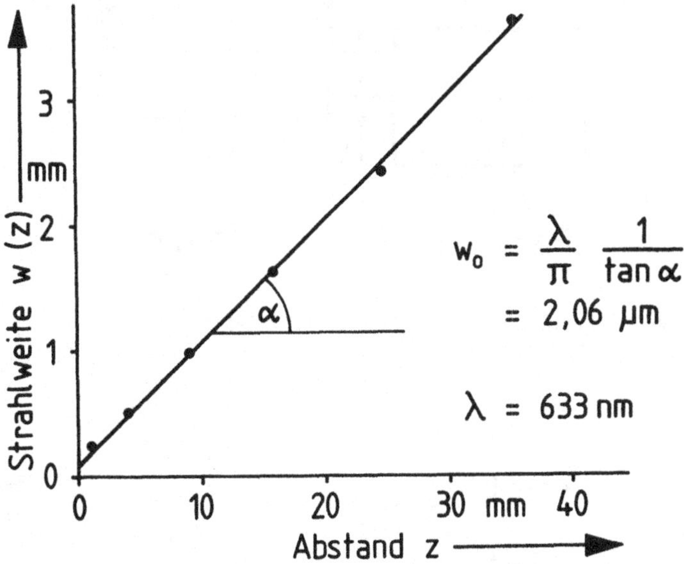

Bild 2-26: Gemessene Strahlweite in Abhängigkeit vom Abstand z von der Faserstirnfläche

Die Meßdaten w(z) werden wie in Bild 2-26 als Funktion von z aufgetragen. Aus der Steigung der Kurve erhält man über Gl.(2.34) die Gauß'sche Strahlweite zu w_0 = 2.06 µm.

Die Strahlweite w_0 kann auch aus dem Koppelverlust bei der Kopplung zweier identischer Monomodefaserstücke extrahiert werden./2.34/ Die relative übergekoppelte Leistung η ist bei radialem Versatz s und axialem Abstand D der beiden Faserstücke (siehe Abb.2-27) gegeben durch /2.35/

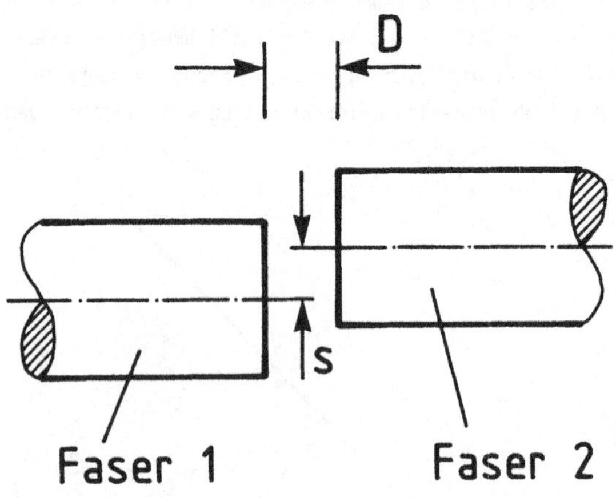

Bild 2-27: Zur Erklärung der Leistungsüberkopplung

$$\eta = \kappa \exp \left[-\kappa \frac{s^2}{w_0^2} \right] \tag{2.35a}$$

mit

$$\kappa := \frac{4 w_0^4}{4 w_0^4 + \frac{\lambda^2 D^2}{\pi^2}} \tag{2.35b}$$

Für axiale Abstände $D \ll \frac{2\pi}{\lambda} w_0^2$ ist $\kappa \approx 1$, und Gl.(2.35a) reduziert sich auf

$$\eta = \exp(-s^2/w_0^2) \tag{2.36}$$

Aus einer Messung der übergekoppelten Leistung als Funktion von s kann w_0 bei konstantem D bestimmt werden: w_0 ist derjenige radiale Versatz s, bei dem die übergekoppelte Leistung auf 1/e ihres Maximalwertes abgefallen ist.

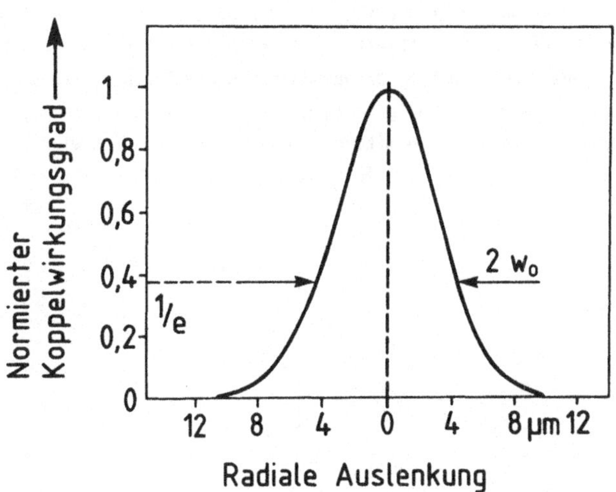

Bild 2-28: Relativer Koppelwirkungsgrad in Abhängigkeit vom radialen Versatz. Die Gauß'sche Strahlweite w_0 ist die halbe 1/e-Weite, somit w_0=4 µm.

Zur Messung wird von der zu untersuchenden Faser ein kurzes Stück abgetrennt. Dieser Prozeß muß sehr sorgfältig ausgeführt werden, um glatte Bruchflächen zu erzielen. Eventuell müssen die beiden Faserenden poliert werden. Die Restfaser (Faser 1) wird auf einem motorgetriebenen Koordinatentisch fixiert. In diese Faser wird Licht eingespeist. Das abgetrennte Faserstück dient als "Kollektorfaser". Es wird so einjustiert, daß an seinem Ende maximale optische Leistung detektiert wird. Der axiale Abstand D der beiden Faserteile beträgt hierbei einige Mikrometer. Faser 1 wird dann in radialer Richtung verschoben und die Leistung am Detektor als Funktion der Auslenkung s gemessen. Die übergekoppelte Leistung nimmt dabei ab. Bild 2-28 zeigt einen gemessenen Kurvenverlauf. Die Gauß'sche Strahlweite ist die halbe 1/e-Weite der gemessenen Glockenkurve.

Bei dieser Messung ist es wichtig, daß der Detektor nur die Grundmode der Kollektorfaser registriert, nicht aber deren Mantelmoden. Von besonderer Bedeutung sind hier deshalb die Mantelmodenabstreifer. In der Praxis nimmt man als Kollektorfaser ein ca. 1-2 m langes Faserstück, das auf seiner ganzen Länge mit Modenabstreifern versehen wird.

2.5 Anhang: Bestimmung von Impulsschwerpunkten und Impulsbreiten

Eine Lichtquelle gibt bei pulsförmiger Modulation Impulse ab, deren Zeitverlauf durch p(t) beschrieben wird. Für diese Impulse werden ein Impulsschwerpunkt T und eine Impulsdauer δt definiert durch /2.3,2.18/

$$T := \frac{\int t p(t)\, dt}{\int p(t)\, dt} \tag{2.A1}$$

$$(\delta t)^2 := \frac{\int t^2 p(t) dt}{\int p(t)\, dt} - T^2 \tag{2.A2}$$

Die Integrationen erstrecken sich jeweils von $-\infty$ bis $+\infty$. $2\,\delta t$ heißt VOLLE EFFEKTIVE (ZEITLICHE) IMPULSBREITE (full rms pulsewidth). δt wird hier als IMPULSDAUER (rms halfwidth) bezeichnet.

Hat der zeitliche Verlauf des Lichtimpulses eine Gaußform der Gestalt

$$p(t) = p_o \exp\left[-\frac{1}{2} \left(\frac{t-t_z}{\Delta t} \right)^2 \right] \tag{2.A3}$$

so wird /2.3/

$$T = t_z \tag{2.A4a}$$

$$\delta t = \Delta t \tag{2.A4b}$$

Bei gaußförmigen Impulsen ist die Impulsdauer $\delta t = \Delta t$ gleich 1/4 der Weite zwischen den $1/e^2$ -Punkten der Glockenkurve, siehe Abb.2-29.

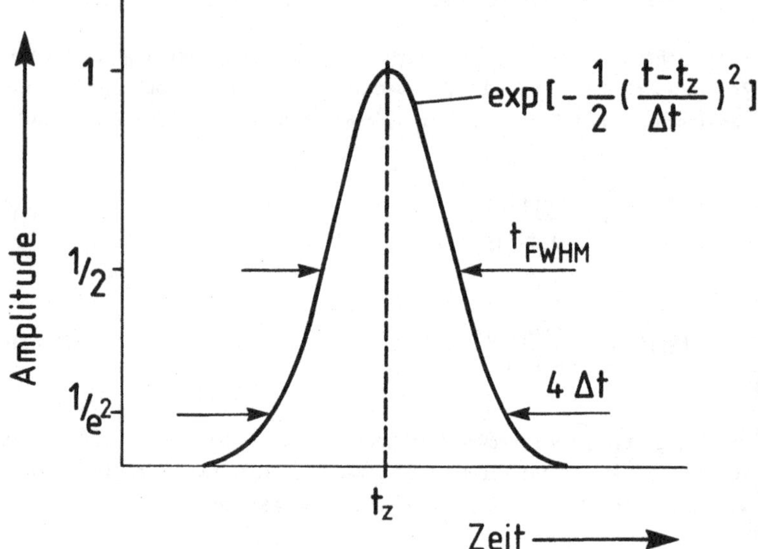

Bild 2-29: Impulsdauer Δt und FWHM-Breite t_{FWHM} eines gaußförmigen Impulses.

Es soll hier ausdrücklich darauf hingewiesen werden, daß auch andere Definitionen der Pulsdauer gebräuchlich sind. Bei gaußförmigen Impulsen lassen sich die verschieden definierten Impulsdauern ineinander umrechnen (siehe Abb.2-29). Es ist $t_{FWHM} = 2{,}35\ \Delta t$, wobei t_{FWHM} die volle Breite bei halbem Maximalwert (FWHM-Breite) des Pulses ist. Je nach zugrundegelegter Definition erhält man als experimentelles Ergebnis unterschiedliche Zahlenwerte. Beim Vergleich experimenteller Ergebnisse und auch beim Vergleich entsprechender Faserspezifikationen eines Herstellers ist deshalb große Vorsicht angebracht!

Eine Lichtquelle emittiert im unmodulierten Zustand ein Wellenlängenspektrum, das durch die Spektralfunktion $I(\lambda)$ beschrieben wird. Für dieses Spektrum werden eine zentrale Wellenlänge Λ und eine spektrale Breite $\delta\lambda$ definiert durch

$$\Lambda := \frac{\int \lambda\, I(\lambda)\, d\lambda}{\int I(\lambda)\, d\lambda} \tag{2.A5}$$

$$(\delta\lambda)^2 := \frac{\int \lambda^2 I(\lambda)\, d\lambda}{\int I(\lambda)\, d\lambda} - \Lambda^2 \tag{2.A6}$$

Die Integrationen erstrecken sich wieder von $-\infty$ bis $+\infty$. $2\,\delta\lambda$ heißt VOLLE EFFEKTIVE SPEKTRALE BREITE (full rms spectral width). $\delta\lambda$ wird hier als SPEKTRALE BREITE (rms spectral halfwidth) bezeichnet.

Ist die Spektralfunktion $I(\lambda)$ insbesondere eine Gaußfunktion, beschrieben durch

$$I(\lambda) = I_0 \exp\left[-\frac{1}{2}\left(\frac{\lambda-\lambda_z}{\Delta\lambda}\right)^2\right] \tag{2.A7}$$

so wird

$$\Lambda = \lambda_z \tag{2.A8a}$$

$$\delta\lambda = \Delta\lambda \tag{2.A8b}$$

$\Delta\lambda$ ist 1/4 der Breite zwischen den $1/e^2$ -Punkten der Glockenkurve.

Die Emissionslinie einer LED und eines Single-Mode-Halbleiterlasers wird mit guter Genauigkeit durch eine Gaußfunktion beschrieben. Multimode-Halbleiterlaser emittieren ein Linienspektrum, dessen Hüllkurve in vielen Fällen mit hinreichender Genauigkeit durch eine Gaußkurve approximiert wird.

3 OPTISCHE ÜBERTRAGUNGSSYSTEME

3.1 Vorbemerkungen und Aufgabenstellung

Generell formuliert besteht die Aufgabe eines Übertragungssystemes darin, Informationen über vereinbarte Größen von einem Ort A an einen Ort B zu übermitteln. Das allgemeinste Aussehen eines Übertragungssystems mit Lichtwellenleitern zeigt Bild 3-1; die Einrichtungen bei B sind hierzu symmetrisch zu denken. Durch Quellencodierung wird die zu übertragende Größe in ein günstig weiterverarbeitbares elektrisches Signal umgesetzt. Quellencodierer können zum Beispiel Fernsehkameras, Fernkopierer, Fernsprecher und vieles andere sein. Die mögliche Umsetzung in Digitalsignale soll ebenfalls noch zur Quellencodierung gerechnet werden. Dies alles ist nicht Gegenstand des vorliegenden Kapitels.

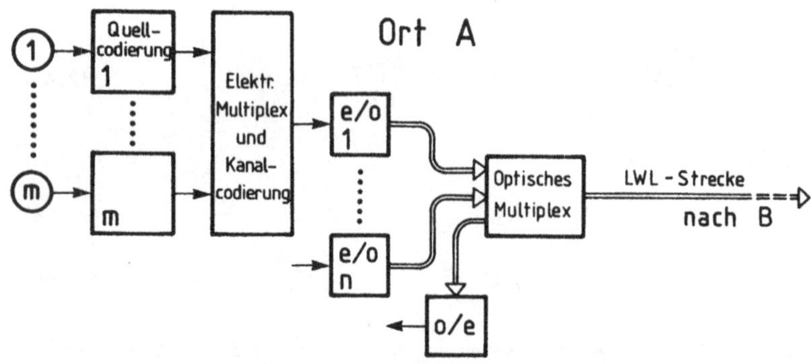

Bild 3-1: Sendeseitige Einrichtung eines allgemeinen optischen Übertragungssystems mit elektrischer Multiplexbildung, Kanalcodierung, optischer Multiplexbildung und optischem Rückkanal.

Wegen der hohen Bandbreite der optischen Systeme werden häufig mehrere Signale zusammengefaßt (ELEKTRISCHES MULTIPLEXEN), sei es im Frequenzbereich (FREQUENZMULTIPLEX) oder im Zeitbereich (ZEITMULTIPLEX). Die Anpassung des Gesamtsignals an die Eigenschaften des eigentlichen Übertragungskanals - hier der optischen Strecke, bestehend aus elektro-optischem Wandler (e/o), Lichtwellenleiter (LWL) und optisch-elektrischem Wandler mit Signalregenerator (o/e) - kann eine Kanalcodierung erforderlich machen. Die Codewahl richtet sich vor allem nach der geforderten Übertragungsqualität; bei hoher Übertragungsgeschwindigkeit müssen gegebenenfalls Zugeständnisse an die technische Realisierbarkeit gemacht werden. Kanalcoder und -decoder können weitere Aufgaben mit übernehmen, wie z.B. Fehlerüberwachung und Fehlerkorrektur. Die Reihenfolge von Multiplexer und Kanalcodierer kann vertauscht sein, bisweilen werden auch beide Funktionen von einer einzigen Schaltung erfüllt. Wenn in den folgenden Abschnitten von Codierung die Rede ist, soll immer "Kanalcodierung" darunter verstanden werden.

Da in den meisten Fällen das nutzbare Wellenlängenfenster der Faser wesentlich größer ist als die Linienbreite der optischen Quelle oder die Modulationsbandbreite des optischen Signals, kann es aus wirtschaftlichen oder betrieblichen Gründen interessant sein, bei verschiedenen optischen Wellenlängen zugleich zu arbeiten (WELLENLÄNGENMULTIPLEX). Auch ist der Betrieb in zwei Richtungen möglich, sei es bei gleicher oder unterschiedlicher Wellenlänge. Alle diese Fälle sind in Bild 3-1 angedeutet.

Um die Brauchbarkeit verschiedener Übertragungs- und Multiplexverfahren beurteilen zu können, ist vorab die Frage nach der Linearität des Übertragungskanals zu beantworten. Linearität schließt ein:

a) Die Amplitudenunabhängigkeit,
b) die Gültigkeit des Superpositionsprinzips,
c) die zeitliche Invarianz.

AMPLITUDENUNABHÄNGIGKEIT: Nichtlineare Effekte infolge hoher Amplitude der Lichtwelle haben in bis heute bekanntgewordenen Systemen keinen signifikanten Einfluß gehabt. Kleine Linienbreiten neuer Laser (einige MHz /3.1/), hohe Laserleistungen im Bereich einiger Milliwatt, kleine

Faserdämpfungen (< 0,5 dB/km) und geringe Faserdispersion (wenige ps/nm·km) bei großen Faserlängen begünstigen aber vor allem die Effekte der stimulierten Brillouin-Streuung /3.2/ und der stimulierten Raman-Streuung /3.3/. Die Brioullin-Streuung erzeugt Strahlung, die in den Sender zurückwirkt, die Raman-Streuung verschlechtert insbesondere das Nebensprechen in Wellenlängenmultiplex-Systemen. Beide Effekte können bei ungünstiger Kombination der genannten Eigenschaften bereits bei 3 bis 5 mW Eingangsleistung in Monomodefasern wesentlich werden.

SUPERPOSITION: Hier folgen wir der Argumentation von Grau in /3.4/: Es seien in einem Modus der Faser durch Dispersion zwei aufeinanderfolgende Impulse so weit verzerrt, daß sie sich beim Empfänger überlappen. Ihre Leistungen dürfen nur dann addiert werden, wenn die Lichtwellen der beiden Impulse nicht interferenzfähig sind, das heißt, wenn die Kohärenzzeit des Sendeelementes

$$\tau_K = \frac{1}{\Delta f}\,, \text{ mit } \Delta f = \text{Linienbreite}$$

deutlich kleiner ist als die Überlappungszeit der Impulse. Für LED und gewinngeführte Laser (GGL) liegt die Kohärenzzeit im Subpikosekunden- oder Pikosekundenbereich, die Superpositionsbedingung ist praktisch stets erfüllt. Für indexgeführte Laser (IGL) kann τ_K durchaus im Mikrosekundenbereich liegen (Linienbreiten bis herunter zu 1 MHz), in diesem Fall ist aber selbst mit weniger guten Monomodefasern großer Länge die Dispersion so gering, daß keine Überlappung auftritt.

ZEITLICHE INVARIANZ: Diese Bedingung ist in der Praxis häufig nicht erfüllt. Das gilt besonders für Multimodesysteme, aber nicht für diese allein. Jede äußere Beeinflussung (durch Biegung, Schall usw.) und jede Änderung in der Ankopplung oder im Ausgangsspektrum des Senders ändert die Modenlaufzeiten und führt an Stellen mit Koppelverlusten (Spleiße, Stecker, Leistungsteiler usw.) zu Änderungen der Leistungsverteilung und so zu den Phänomenen des MODENRAUSCHENS und/oder des MODENVERTEILUNGSRAUSCHENS. Sind die spektralen Änderungen in der Ausgangsleistung des Senders mit dem Modulationssignal korreliert, (was im allgemeinen der Fall ist), so kann eine nichtlineare Übertragungskennlinie des Gesamtsystems entstehen. Die genannten Effekte werden im Abschnitt 3.3 über Rauschquellen genauer erläutert.

Nichtlinearität infolge kohärenter Überlagerung ist also in aller Regel nicht gegeben, den beiden anderen Fehlerquellen muß aber im Einzelfall Aufmerksamkeit geschenkt werden.

Aus diesen Vorbemerkungen und aus den vorhergehenden Kapiteln kann eine Liste der wesentlichen Fragestellungen für den Entwurf eines optischen Übertragungssystems zusammengestellt werden. Diese Liste möge als Leitfaden für die den einzelnen Systemen gewidmeten Abschnitte dienen.

ART DER ANFORDERUNGEN:

In welcher Form liegen Eingangssignale vor?
Zahl der benötigten Kanäle?
Länge der Gesamtstrecke zwischen den Endpunkten?
Minimale/maximale Länge zwischen Regeneratoren?
Zulässige Pegel, Rauschabstand, Fehlerrate, Jitter?
Überwachung, Betriebssicherung, Sicherheitsaspekte?

WAHL DER SYSTEMPARAMETER:

Faserart, Wellenlänge?
Multiplexbildung, Übertragungsbandbreite?
Codierung, Modulationsart?
Überwachungssystem?
Systemreserve, Reparaturreserve?

WAHL DES SENDEELEMENTES:

LED, kantenemittierende LED, GGL, IGL?
Wellenlängenbereich bei Anlieferung, im Betriebstemperaturbereich, innerhalb der Lebensdauer?
Spektrale Breite, Kohärenzlänge?
Leistung in der Ausgangsfaser?
Linearität?
Eigenrauschen, Rauschen durch reflektiertes/eingestrahltes Licht?

FASER UND KABELANLAGE:

Dämpfung im vereinbarten Wellenlängenfenster?
Zusätzliche Verkabelungsverluste?
Dispersion im Wellenlängenfenster bei gegebener spektraler Breite?
Art der Impulsantwort (Gaußform, Doppelpulse, Vor/Nachläufer)?
Einfluß der Verkettung bei Multimodefasern?
Spleißzahl, Spleißdämpfung?
Art der Stecker, Steckerverluste, Steckerreflexion?
Faseralterung?

EMPFÄNGER:

Geforderte Übertragungsgüte?
Wahl des o/e-Wandlers (pin-Diode, APD; Eingangsschaltung)?
Empfindlichkeit?
Dynamikanforderung? Ist Zusatzdämpfung nötig? Welchen Einfluß hat eine Signalunsymmetrie auf die Dynamik?
Empfindlichkeitseinbußen durch Dispersion, durch unvollständige Extinktion des Senders?
Einfluß der verschiedenen Modengeräusche?

ALLGEMEINES:

Temperaturbereich, Klimaanforderungen?
Lebensdauer, Zuverlässigkeit?
Art des Aufbaus, Fertigbarkeit, Prüfbarkeit, Toleranzen?
Verfügbarkeit der Komponenten?
Kosten?

Diese Liste erhebt keinen Anspruch auf Vollständigkeit, sie zeigt aber, in wie vielfältiger Weise der Systementwurf durch einzelne Elementeigenschaften beeinflußt wird. Ehe auf spezielle Systeme eingegangen wird, soll in den folgenden beiden Abschnitten noch etwas ausführlicher auf die Bandbreite von Übertragungsstrecken und auf verschiedene Rauschursachen eingegangen werden.

3.2 Die Übertragungsbandbreite von Faserstrecken

3.2.1 Allgemeines

In einer Photodiode, die in Sperrichtung betrieben wird, fließt ein der einfallenden optischen Leistung N_0 proportionaler Signalstrom I, am Lastwiderstand R entsteht eine elektrische Leistung $N_E = I^2R$, es ist also

$$N_E \sim N_0^2 \tag{3.1}$$

Dieser Sachverhalt ist hinreichend bekannt, dennoch gibt es in der Praxis immer wieder Mißverständnisse. Im Fall des in Sperrichtung betriebenen Detektors wird die zusätzliche elektrische Leistung vom Stromversorgungsgerät geliefert; tatsächlich ist ja beim Einsatz eines Detektors als Photoelement ohne Vorspannung $I \sim \sqrt{N_0}$, also $N_E \sim N_0$, wie die Energieerhaltung fordert. Ein optisches Nebensprechen von x dB in einem üblichen optischen Übertragungssystem entspricht aber 2x dB auf der elektrischen Seite; eine geforderte optische Dynamik von y dB erfordert elektrisch 2y dB; ein Rauschabstand von z dB im optischen entspricht 2z dB im elektrischen Bereich!

Insbesondere bei Bandbreitenangaben ist Aufmerksamkeit geboten. Bei Fasern wird als Bandbreite in der Regel diejenige Modulationsfrequenz angegeben, bei der der Betrag der optischen Übertragungsfunktion (Ausgangsleistung zu Eingangsleistung) auf die Hälfte (-3 dB) abgefallen ist. Elektrisch bedeutet dies einen Abfall um -6 dB, die elektrische Bandbreite (oder Rauschbandbreite) ist daher kleiner als die angegebene optische Bandbreite! Nur für mathematisch einfach beschreibbare Übertragungsfunktionen läßt sich ein Zusammenhang sofort angeben. So ist für den häufig angenommenen Fall Gauß'schen Übertragungsverhaltens

$$B_E = \frac{B_0}{\sqrt{2}} . \tag{3.2}$$

Wenn chromatische Dispersion eine Rolle spielt, so ist zusätzlich die spektrale Breite der Meßquelle und des optischen Sendeelementes zu berücksichtigen.

3.2.2 Die Bandbreite von Monomodefaserstrecken

Die Bandbreitebestimmung von Monomodefaserstrecken ist prinzipiell nicht problematisch. Wie in Kapitel 3.2.1 gezeigt, ist durch ausschließlich chromatische Dispersion die Impulsverbreiterung streng proportional zur Länge. Bild 2-23 zeigt die mit dem Faser-Raman-Laser gemessene Wellenlängenabhängigkeit der Dispersion einer Faser, die bei 1300 nm ihre größte Bandbreite hat; die spektrale Halbwertsbreite der Quelle ist Parameter.

Der Zusammenhang zwischen der Impulsverbreiterung Δt und der elektrischen Bandbreite ist dabei für Gauß'sche Pulsform durch (beachte 2.3.4, (2.28))

$$B_E \approx \frac{0{,}28}{\Delta t} \tag{3.3}$$

gegeben. Wird ein longitudinal einmodiger Laser (Linienbreite << 1 nm) als Sender verwendet, so ist selbst bei großen Längen und weit abseits vom Dispersionsminimum die Faserbandbreite für alle praktischen Fälle ausreichend. Derartige Laser sind zum Beispiel Distributed Feedback (DFB) oder Cleaved Coupled Cavity (CCC) Laser, die aber zur Zeit noch nicht im Handel sind. Für übliche Laser, zum Beispiel Streifenkontaktlaser der verschiedensten Arten oder Buried Heterostructure (BH) Laser, muß man wegen des Auftretens mehrerer Longitudinalmoden und wegen Modenspringen mit einer effektiven spektralen Breite von 3 bis 5 nm rechnen. Hier ist für Systeme hoher Bandbreite und großer Faserlänge bereits sorgfältig zu spezifizieren, wie weit die Ablage vom Dispersionsminimum der Faser sein darf.

Im Bereich minimaler Faserdämpfung bei 1550 nm kann mit solchen Lasern und herkömmlichen Fasern offensichtlich kein wirklich breitbandiges System mehr gebaut werden. Es ist aber möglich, durch eine kompliziertere Schichtenfolge die Faserdispersion im gesamten Fenster von 1270 nm bis jenseits 1600 nm unter etwa 2 ps/nm·km zu halten, ohne die Dämpfung wesentlich zu erhöhen /3.5/. Dann sind auch mit spektral breiten Lasern hohe Systembandbreiten möglich. Im Einzelfall wird man sorgfältig abwägen müssen, ob einem einmodigen Laser oder der dispersionsarmen Faser der Vorzug zu geben ist.

3.2.3 Die Bandbreite von Multimodefasern

Zur chromatischen Dispersion kommt nun die Modendispersion hinzu. In den früheren Kapiteln wurde bereits gesagt, daß durch die Verkoppelung der Moden die Impulsverbreiterung schwächer als linear mit der Faserlänge ansteigen kann. Näherungsweise wird für die Bandbreite oft angesetzt

$$B(l) = \frac{B(l_0)}{\left(\frac{l}{l_0}\right)^{\gamma}} \tag{3.4}$$

mit $B(l_0)$ = Bandbreite eines 1 km langen Faserstücks: γ liegt für kurze Längen nahe bei 1. Bei der Wellenlänge 850 nm findet man allgemein Werte um $\gamma = 0{,}8...0{,}9$, weil Modenkoppeleffekte zum großen Teil durch die hohe chromatische Dispersion verdeckt werden. Bei 1300 nm - in der Nähe minimaler chromatischer Dispersion - streut γ sehr stark, Werte zwischen 0,4 und > 1 sind angegeben worden /3.6/. Das Ergebnis ist stark abhängig von der Gesamtlänge, von der Art der Anregung und von der Zahl und Qualität der Spleiße. Die Spleißhäufigkeit geht deswegen stark ein, weil an den Spleißen im allgemeinen eine Modenmischung stattfindet. So wird eine häufig gespleißte Strecke in der Regel breitbandiger sein als eine Strecke aus sehr langen Einzelkabeln.

Die Faustformel (3.4) ist aus den genannten Gründen mit großer Vorsicht zu verwenden, zumal als weitere Schwierigkeit hinzukommt, daß die Bandbreitebestimmung selbst mit großer Unsicherheit behaftet sein kann, vor allem bei Gradientenindexfasern. Das ist in Bild 3-2 skizziert /3.7/. Die zugrundeliegende Faser zeigte bei der Pulsübertragung einen Vorläufer. Je nach spektraler Breite der Meßlichtquelle hat die durch Fouriertransformation gewonnene Übertragungsfunktion eine unterschiedlich ausgeprägte Einbeulung. Entnimmt man hieraus unkritisch die (optische) 50%-Bandbreite, so ergeben sich Werte von 329 MHz bzw. 660 MHz. Sicherlich ein für die Systemauslegung unbrauchbares Verfahren! Ähnliche Diskrepanzen ergeben sich bei unterschiedlicher Modenanregung dieser Faser.

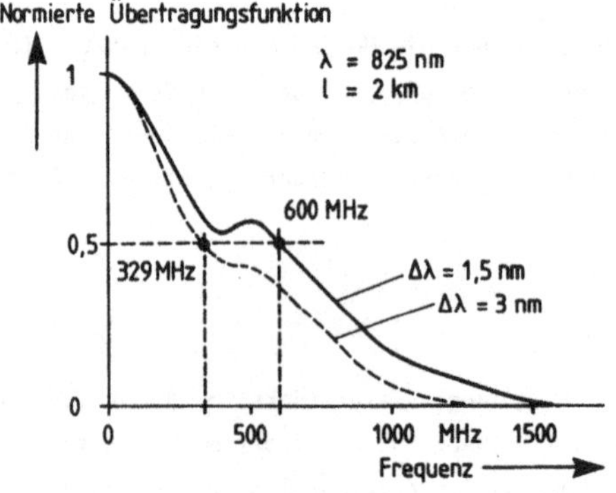

Bild 3-2:
Betrag der Übertragungsfunktion einer Gradientenfaser mit nicht-idealem Indexprofil (nach /3.7/).

Zuverlässigere Aussagen erhält man dadurch, daß entweder die Impulsantwort oder die Übertragungsfunktion durch eine Gaußkurve angenähert wird, wobei die Näherung im Frequenzbereich dann zu bevorzugen ist, wenn deutliche Vor- oder Nachläufer bei der Impulsübertragung auftreten. /3.7/ gibt ein geeignetes Näherungsverfahren an. Hiermit sind zutreffende Voraussagen über die Gesamtbandbreite einer Strecke auch dann möglich, wenn sehr unterschiedliche Einzelfaserstücke verwendet werden. Auch andere Näherungen als Gaußkurven sind erfolgreich verwendet worden.

3.3 Rauschquellen

Nach Art und Stärke der Rauschquellen unterscheiden sich optische Übertragungssysteme wesentlich von elektronischen. Es kommen insbesondere signalabhängige (nichtstationäre) Rauschbeiträge hinzu durch die Prozesse der Lichterzeugung, des Lichtempfangs und durch die Kombination der Eigenschaften von Quellen und Lichtwellenleitern. Die Größe dieser Rauschbeiträge macht es schwierig, einen hohen Signal-zu-Rausch-Abstand (S/N) zu erreichen. Dies ist der Hauptgrund, warum faseroptische Systeme vor allem für die digitale Übertragung attraktiv sind (wenn es auch nicht der einzige Grund ist). Die wesentlichen Rauschphänomene werden nachfolgend beschrieben, die quantitativen Beziehungen werden aber nicht abgeleitet. (Ausführlicher siehe zum Beispiel das Buch von GRAU /3.4/).

Leistungsschwankungen des Lichtes machen sich in Schwankungen des Photostromes der Empfangsdiode bemerkbar, unabhängig davon, wo ihre Ursachen liegen. Rauschbetrachtungen werden daher am Ort der Photodiode gemacht. Es sei $\bar{i}$ der mittlere Signalstrom eines Detektors, dann ist das Verhältnis S/N von Signalleistung zu Rauschleistung am Ausgang des elektronischen Verstärkers

$$S/N = \frac{\bar{i}^2}{\sum_n \overline{\delta i_n^2}} \tag{3.5}$$

wobei $\overline{\delta i_n^2}$ die Einzelbeiträge der verschiedenen Quellen zur Gesamtrauschleistung sind ("Mittlere Rauschstromquadrate"). Nachfolgend werden diese Beiträge etwas salopp mit i_n^2 bezeichnet, mit der Bitte an den Leser, sich des statistischen Charakters bewußt zu sein. Allgemein muß man für jede Rauschquelle eine Frequenzabhängigkeit annehmen, und es erfolgt eine Bewertung durch den Frequenzgang der nachfolgenden Systemteile, sodaß sich die Einzelrauschleistung aus

$$i_n^2 = \int_0^\infty d\,(i_n^2) = \int_0^\infty g\,(f)\,\Phi_n(f)\,df \tag{3.6}$$

berechnet.

Hierbei ist Φ_n (f) die spektrale Dichte des Rauschstromes, g(f) der Bewertungsfaktor im System. Die Betrachtungsweise der Gleichungen (3.5) und (3.6) eignet sich streng genommen nur für Systeme, die um den mittleren Signalstrom $\bar{i}$ herum gering ausgesteuert werden, also vorwiegend für Analogsysteme. Bei Digitalsystemen wird der Strom i idealerweise zwischen 0 und i_{max} umgeschaltet, sodaß signalabhängiges Rauschen nur für i_{max}, das heißt im logischen "1"-Zustand entsteht. Dies wird in den späteren Abschnitten berücksichtigt.

3.3.1 Quantenrauschen

Die Quantennatur des Lichtes führt am Detektor zu einer spektralen Rauschdichte von

$$\Phi_Q = 2\,e\,\bar{i}\,. \tag{3.7}$$

Dies wird als Quanten- oder Schrotrauschen bezeichnet. In der Form ist es identisch mit dem Rauschen eines Stromes über eine Halbleitersperrschicht. Man sollte trotzdem nicht die Photodiode als Quelle des Rauschens angeben, weil nur die Wechselwirkung von Lichtquelle und Empfänger ursächlich für das Rauschen ist. Quantenrauschen ist selbst mit einem "idealen" Laser (klassisches Analogon: vollständig monochromatischer, das heißt amplituden- und phasenstabiler Oszillator) vorhanden; es stellt deshalb eine untere Grenze für das Gesamtgeräusch in optischen Systemen dar.

Natürliches Licht (aus thermischer Anregung) und LED-Licht führen wegen einer unterschiedlichen Quantenstatistik zu etwas höherem Rauschen als nach Gleichung (3.7) errechnet, dieses zusätzliche Rauschen ist aber so klein, daß es im allgemeinen nicht nachweisbar ist. (3.7) kann damit auch für LED-Systeme als Grenzrauschen angesetzt werden.

3.3.2 Das Rauschen der Strahlungsquelle

Lichtquellen, ob LED oder Laser, sind weder ideal amplituden- noch frequenzstabil. Schwankungen spielen aber bei LED gegenüber anderen Rauschursachen im System keine Rolle. Anders bei Lasern: Durch die induzierte Emission werden zufällige Schwankungen der Strahlungserzeugung vielfach verstärkt; hinzu kommen Konkurrenzeffekte bei mehrmodig schwingenden Lasern. Beides kann zu erheblichem Amplitudenrauschen führen. Bild 3-3 gibt ein Meßbeispiel für einen vielmodigen Laser /3.7/.

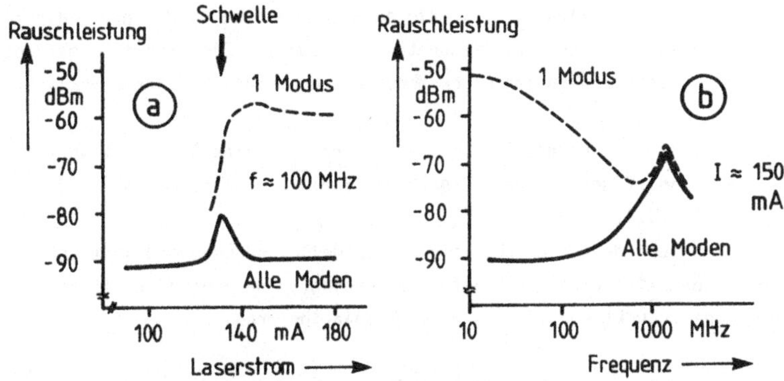

Bild 3-3: Rauschen eines GaAs-Mehrmodenlasers (Meßbandbreite 30 kHz, Schwellstrom ≈ 130 mA).

TEILBILD a: Die Rauschleistung der Gesamtheit aller Moden steigt von einem geringen Wert unterhalb der Schwelle (LED-Betrieb) um mehr als den Faktor 10 unmittelbar an der Schwelle, wo noch kein stabiler Laserbetrieb erreicht ist und die Leistungsaufteilung zwischen verschiedenen Lasermoden und spontaner Hohlraumstrahlung stark schwankt. Etwa ab dem 1,1-fachen Schwellstrom spielt Spontanstrahlung keine Rolle mehr, sodaß das Rauschen der Gesamtleistung wieder zurückgeht. Es findet aber eine starke Konkurrenz zwischen Einzelmoden statt (zum Beispiel durch räumliches oder spektrales "hole-burning"). Für herausgegriffene Einzelmoden findet man daher großes Rauschen. Dieses Rauschen ist aber mit dem der anderen Moden so gegenläufig korreliert, daß die Schwankungen der Gesamtleistung wesentlich (30...40 dB) kleiner sind.

TEILBILD b: Die gegebene Beschreibung des Verhaltens ist bis zu Frequenzen von maximal einigen hundert MHz brauchbar. In der Nähe der Kleinsignalresonanz (im Beispiel bei etwa 1,1 GHz) nimmt aber das Gesamtrauschen durch die Resonanzüberhöhung stark zu, und es ist etwa gleich wie das der Einzelmoden; hier liegen die Schwankungen offensichtlich eher in Phase. Dem entspricht eine Neigung zu Selbstpulsationen bei solchen Lasern.

Einmodige Laser zeigen ähnliches Rauschen wie die Gesamtheit der Moden in Bild 3-3. Häufig beobachtet man aber gerade bei der Modulation dieser Laser ein Modenspringen, d.h. die Ausgangsleistung wird abwechselnd in verschiedenen Moden des Resonators erzeugt. Dies führt zu besonders großem Rauschen, wenn man einen Modus aus den möglichen herausgreift.

Für typische Vielmodenlaser (GGL, Streifenkontaktlaser, V-Nut-Laser) findet man Signal-zu-Rausch-Abstände der Gesamtleistung von

120...130 dB/Hz

bei Betrieb deutlich oberhalb der Schwelle und genügend weit unterhalb der Resonanzfrequenz. Es besteht allerdings eine erhebliche Abhängigkeit vom Arbeitspunkt und vom gewählten Modulationsgrad.

Das Rauschen von Lasern kann sich drastisch erhöhen durch Strahlung, die aus der angekoppelten Faser in den Laser zurückgekoppelt wird, sei es von der Koppelstelle selbst, von Stoßstellen in der Faser (Stecker, Modulatoren, Verzweiger und ähnliches) oder durch Rückstreuung. Das ist besonders kritisch, wenn der Rückkopplungsweg kleiner als die Kohärenzlänge des Lichtes ist, wenn also die Phase der eingestrahlten Welle noch in bezug zu der Phase des erzeugten Lichtes steht. Dies ist gleichbedeutend mit der Änderung von Eigenschaften des Laserresonators (Änderung der Reflexion des Laserspiegels nach Betrag und Phase).

Ein äußerer Faserschwanz stellt selbst einen Resonator der Länge l dar, dessen Moden im Frequenzabstand

$$\Delta f = \frac{V}{2l} \qquad (3.8)$$

liegen (v = Ausbreitungsgeschwindigkeit in der Faser). Für $l = 1m$ findet man etwa Δf = 100MHz. Bei Frequenzen $n \cdot \Delta f$ (n ganz) ist die Rauschleistungsdichte oft signifikant erhöht. Reflexionen von weniger als 10^{-7} spielen bei Monomodefasern noch eine Rolle /3.8/. Multimodefasern sind weniger kritisch, weil der Laserresonator an sehr viele (typisch einige hundert) Fasermoden gekoppelt ist und weil deshalb die Reflexion aus jedem Fasermodus entsprechend weniger wirksam ist.

In Monomodesystemen kann ein optischer Isolator notwendig sein, um die Auswirkungen der Reflexion auf den Laser zu vermeiden. Zumindest wird man aber bei der Planung des Systems eine Leistungsreserve für das zusätzliche Rauschen vorsehen müssen.

3.3.3 Rauschen durch Wechselwirkung von Quelle und Faser

Betrachtet man in einem Übertragungssystem mit Multimodefasern einen Faserquerschnitt, so findet man ein Fleckenmuster (Speckle-Muster) aus Stellen hoher Intensität und niedriger Intensität. Das Fleckenmuster kommt durch die Interferenz der Felder aller angeregten Moden der Faser zustande. Der Kontrast zwischen hellen und dunklen Stellen ist hoch, wenn die Einzelmoden kohärent sind, das heißt, wenn sie eine definierte gegenseitige Phasenlage haben. Dies ist der Fall, solange die Laufzeitunterschiede der Moden deutlich kleiner sind als die Kohärenzzeit τ_K des von der Quelle ausgesandten Lichtes. Für Quellen geringer Kohärenzzeit (LED, GGL) ist diese Bedingung nur ganz nahe bei der Quelle erfüllt, bei großer Kohärenzzeit (IGL) gegebenenfalls noch nach vielen Faserkilometern. Mit zunehmender Faserlänge werden die Laufzeitdifferenzen größer und der Fleckenkontrast kleiner, bis nach Aufhebung aller Kohärenz überhaupt keine Flecken mehr unterscheidbar sind.

Da die Fleckenverteilung ein Interferenzmuster ist, reagiert sie empfindlich auf jede Phasenänderung, die in den beteiligten Moden auftritt. Solche Phasenänderungen ergeben sich bereits bei geringfügigen Bewegungen der Faser, bei Temperaturänderungen und bei spektralen Änderungen des

Quellenlichtes, also zum Beispiel auch infolge der Modulation über den Laserstrom und insbesondere natürlich, wenn Modenspringen auftritt. Das Fleckenmuster wird sich daher nach Lage und Intensität ständig ändern, nicht jedoch die Gesamtleistung, die durch den Faserquerschnitt tritt. Wenn aber der Querschnitt in irgendeiner Weise reduziert wird, zum Beispiel durch einen schlechten Spleiß, einen schlecht justierten Stecker oder eine unvollständige optische Abbildung, so schwankt mit der Änderung des Musters die transmittierte Leistung. Ebenso tritt eine Schwankung auf, wenn modenselektive Elemente (Taperkoppler) im Lichtweg liegen. Dieser Effekt wird MODENRAUSCHEN genannt. Die Rauschleistung ist proportional der Signalleistung, es kann also der Signal-zu-Rausch-Abstand nicht durch eine höhere Signalleistung verbessert werden.

Das Modenrauschen ist umso stärker, je höher der Fleckenkontrast an der Stelle des Leistungsverlustes ist. Besonders kritisch sind nach dem oben Gesagten Stoßstellen dicht am Laser; in Gradientenfaserstrecken sollte das Faserstück vom Laser bis zum ersten Stecker möglichst lang gemacht werden /3.9/. Indexgeführte Laser haben gewöhnlich eine große Kohärenzlänge, sie scheiden daher in Multimodesystemen als Sender meist aus. Geeignet sind zum Beispiel Streifenkontaktlaser, V-Nut-Laser und ähnliche Strukturen. Da diese Laser im allgemeinen ein breites Emissionsspektrum haben, ist mit erhöhter chromatischer Dispersion in der Faser zu rechnen. Besonders im 850 nm-Bereich wird man die Laserauswahl sorgfältig nach zulässigem Rauschen und nach zulässiger Dispersion treffen müssen. Meßverfahren und Berechnungsverfahren für das Modenrauschen sind in /3.9/ und /3.10/ zu finden.

Auch Monomodesysteme können von Modenrauschen betroffen sein, weil dort zwei Grundmoden mit orthogonaler Polarisation ausbreitungsfähig sind. Rauschen kann an Stoßstellen entstehen, deren Übertragungsverslust von der Polarisationsrichtung abhängig ist (zum Beispiel Interferenzfilter oder Strahlteiler). Dieses Rauschen ist aber meist von untergeordneter Bedeutung.

Weitere Wechselwirkungseffekte, die Monomode- und Multimodesysteme gleichermaßen betreffen, werden unter dem Stichwort MODENVERTEILUNGSRAUSCHEN zusammengefaßt. Sie kommen dadurch zustande, daß die Übertragungsfunktion der Faserstrecke (nach Betrag und Phase) wellenlängenabhängig ist; es bedarf dazu keiner der für das Modenrauschen verantwortlichen Störstellen. Tritt ein Springen von longitudinalen Lasermoden auf (bei Modulation oder durch Temperaturänderung), so ist sofort einsichtig, daß aus der Nichtkonstanz der Übertragungsfunktion eine Leistungsschwankung beim Empfänger entsteht. Bei vielmodigen Lasern ist auch ohne Modenspringen die Leistungsaufteilung auf die einzelnen Longitudinalmoden zeitlich nicht konstant (vgl. Bild 3-3 im vorhergehenden Abschnitt), die Gesamtleistung schwankt aber sehr wenig, weil die Schwankungen der Einzelmoden gegenläufig korreliert sind. Diese Korrelation geht wegen der unterschiedlichen Ausbreitungsgeschwindigkeit der longitudinalen Moden mit zunehmender Faserlänge immer mehr verloren, das Rauschen steigt entsprechend an. Man findet bei gewinngeführten Lasern mit sehr großer Modenzahl beispielsweise einen Rauschanstieg von etwa 2 dB je Kilometer /3.11/. Nach einigen Kilometern Faserlänge (10 und mehr, abhängig von der chromatischen Dispersion der Faser) sind die Schwankungen vollständig dekorreliert, sodaß keine weitere Rauschzunahme mehr erfolgt. Das Modenverteilungsrauschen ist vor allem bei Analogsystemen, die ein großes S/N fordern, störend. In ungünstigen Fällen kann es aber auch bei Digitalsystemen der begrenzende Faktor für die Faserlänge sein. Abhilfe ist durch modenstabile Laser /3.1/ (Distributed Feedback Laser, Injection Locked Laser, Laser mit äußerem Resonator, Laser mit externen Modulatoren) oder durch besonders breitbandige Fasern /3.5/ möglich.

3.3.4 Das Detektorrauschen

Rauschleistungen, die allein auf die Empfangsdiode zurückzuführen sind, sind das Rauschen des Dunkelstromes und das Multiplikationsrauschen von Lawinendioden. Für die spektrale Dichte der Dunkelstromrauschleistung gilt (siehe Gleichung 3.6))

$$\Phi_D(f) = 2\,e\,I_D\,. \tag{3.9}$$

Es liegt wie beim Quantenrauschen ein frequenzunabhängiges ("weißes") Rauschen vor.

Alle Ströme, die bei Lawinendioden (avalanche diode, APD) die Multiplikationszone queren, werden mit dem mittleren Multiplikationsfaktor M verstärkt. Die Signalleistung steigt also mit M^2. Da die Multiplikation aber ein statistischer Prozeß ist, steigen alle Rauschleistungen stärker als mit M^2, nämlich mit

$$G = M^2 \cdot F(M) \tag{3.10}$$

F(M) ist hierbei /3.12/

$$F(M) = M[1-(1-k)(\frac{M-1}{M})^2] \tag{3.11}$$

mit $k = \alpha/\beta$, dem Verhältnis der Ionisationsraten von Löchern und Elektronen in der Lawinenzone der Diode. Für Siliziumdioden ist etwa k = 0,02...0,04, für Germaniumdioden etwa k =0,5. Für InP/InGaAs(P)-Dioden wird $k \leq 0,2$ angegeben; es gibt bisher voneinander wesentlich abweichende Ergebnisse /3.13/. Eine Näherung von Gleichung (3.11) wird häufig angegeben mit

$$F(M) = M^x$$

mit x = 0,3...0,5 für Silizium und etwa x = 1 für Germanium.

Der Dunkelstrom I_D von Lawinendioden setzt sich im allgemeinen aus einem unverstärkten Anteil I_{D1} (Oberflächenströme) und einem verstärkten Anteil I_{D2} (Volumenströme) zusammen. Bei Digitalsystemen wird meist dem Dunkelstrom noch der Strom zugeschlagen, der infolge endlicher Lichtleistung bei der Übertragung der logischen "0" fließt (Hintergrundstrahlung, Extinktionsverhältnis des Lasers $\neq 0$). Dieser Strom erzeugt ebenfalls eine Rauschleistung gemäß Gleichung (3.9) mit der in (3.10) gegebenen Erhöhung durch die Lawinenverstärkung.

3.3.5 Elektronisches Rauschen und Empfängerersatzschaltbild

Die letzten verbleibenden Rauschanteile sind die thermischen Rauschquellen, also das Rauschen des Lastwiderstandes der Photodiode und der Verstärkerstufen. Wie bei Rauschbetrachtungen üblich, werden alle im Verstärker auftretenden Rauschvorgänge am Eingang zusammengefaßt; für die Modellierung sind zwei unabhängige Rauschquellen anzusetzen, sodaß sich das vollständige Empfängerersatzschaltbild nach Bild 3-4 ergibt.

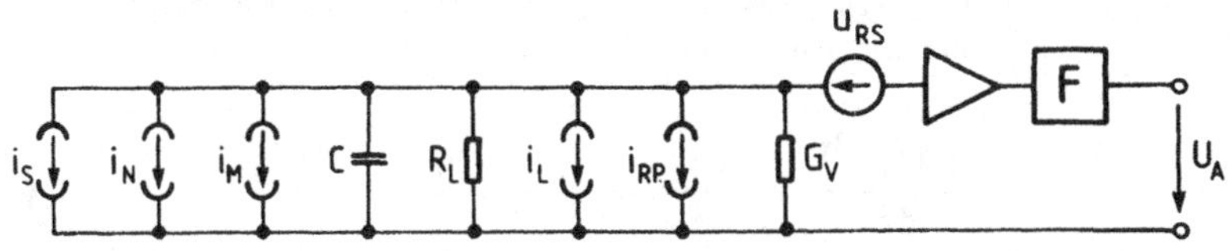

Bild 3-4: Ersatzschaltbild eines Photoempfängers

(i_s = Signalstrom und alle signalähnlichen Ströme, hervorgerufen durch Rauschen des Sendesignals und des Lasers, durch Modenrauschen und Modenverteilungsrauschen, in Lawinendioden ist i_s um den Faktor M verstärkt.

i_N = Nicht verstärkter Anteil des Dunkelstromrauschens.

i_M = Um die Lawinenverstärkung und das APD-Zusatzrauschen erhöhte Rauschströme: Quantenrauschen von i_s, des Hintergrundlichtes und des Volumendunkelstromes.

C = Gesamtkapazität von Detektor, Verstärkereingang und Aufbau.

R_L = Lastwiderstand.

i_L = Thermisches Rauschen des Lastwiderstandes.

i_{RP}, u_{RS} = Parallel- bzw. Serienrauschquelle des Verstärkers.

G_V = Eingangsleitwert des Verstärkers.

F = Entzerrer und Rauschbewertungsfilter.)

Es sei $Z_T(\omega)$ die Übertragungsfunktion des Verstärkers und gegebenenfalls des nachfolgenden Entzerrers und Filters mit

$$Z_T(\omega) = \frac{U_A(\omega)}{I_S(\omega)} \tag{3.13}$$

($U_A(\omega)$, $I_S(\omega)$ = Fouriertransformierte der Signalausgangsspannung $u_A(t)$ beziehungsweise des Eingangsstromes $i_S(t)$).

Die Rauschströme des Lastwiderstandes i_L und der Parallelrauschquelle des Verstärkers i_{RP} lassen sich zusammenfassen in einem resultierenden Strom $i_{äqu}$ mit der spektralen Rauschdichte von

$$\frac{d(i_{äqu}^2)}{df} = \frac{4kT}{R} + \frac{d(i_{RP}^2)}{df}, \tag{3.14}$$

wobei

$$\frac{1}{R} = \frac{1}{R_L} + G_V$$

Das Quadrat der Rauschspannung am Ausgang des Verstärkers zufolge der Parallelrauschquellen folgt aus (3.13) und (3.14):

$$u_1^2 = \int_0^\infty \frac{d(i_{äqu}^2)}{df} \, |Z_T(\omega)|^2 \, df. \tag{3.15}$$

Wenn das Rauschen des Verstärkers wenigstens näherungsweise frequenzunabhängig ist (wovon man im allgemeinen ausgehen kann), so vereinfacht sich (3.15) zu

$$u_1^2 = \frac{d(i_{äqu}^2)}{df} \int_0^\infty |Z_T(\omega)|^2 \, df \tag{3.16}$$

Der gesamte Eingangsleitwert der Schaltung ist

$$G = G_V + \frac{1}{R_L} + j\omega C = \frac{1}{R} + j\omega C. \tag{3.17}$$

Damit erzeugt die Serienrauschquelle u_{RS} am Ausgang

$$u_2^2 = \int_0^\infty \frac{d(u_{RS}^2)}{df} \, |G^2| \, |Z_T|^2 df \tag{3.18}$$

wobei $d(u_{RS}^2)/df$ wieder als frequenzunabhängig angesehen werden kann. Insgesamt findet man dann als gesamtes signalunabhängiges Rauschen aus den Gleichungen (3.16) bis (3.18)

$$u_N^2 = u_1^2 + u_2^2 = \left[\frac{d(i_{äqu}^2)}{df} + \frac{1}{R^2} \frac{d(u_{RS}^2)}{df} \right] \int_0^\infty |Z_T(\omega)|^2 df$$

$$+ (2\pi C)^2 \frac{d(u_{RS}^2)}{df} \int_0^\infty f^2 \, |Z_T(\omega)|^2 df. \tag{3.19}$$

(u^2 sind hier wie früher beschrieben die Erwartungswerte).
(3.19) zeigt ein wichtiges Ergebnis: Ein erster Teil der Rauschleistung steigt proportional zur Bandbreite des Empfängernetzwerkes $Z_T(\omega)$, ein zweiter Teil proportional zur dritten Potenz der Bandbreite von $Z_T(\omega)$. Dieser zweite Teil wird vor allem bei Frequenzen oberhalb 100 MHz wirksam, und er bestimmt bei sehr hohen Übertragungsbandbreiten die Empfängerempfindlichkeit.

(3.19) gibt (zusammen mit (3.14)) die grundlegenden Hinweise für den Entwurf von Empfangsschaltungen: Die gesamte Eingangskapazität C muß möglichst klein werden, der gesamte Eingangswiderstand R möglichst groß. Das Produkt $\tau = R\,C$ bestimmt aber die Grenzfrequenz der Eingangsschaltung, der Widerstand kann daher nicht beliebig groß gemacht werden, und er muß mit wachsender Bandbreite kleiner werden.

Man kann die Zeitkonstante der Eingangsschaltung aber vergrößern und damit das Rauschen reduzieren, wenn nach den ersten Verstärkerstufen die Begrenzung der Bandbreite durch ein Entzerrernetzwerk rückgängig gemacht wird. Hierdurch erhält man eine "INTEGRIERENDE" Eingangsstufe (HIGH IMPEDANCE AMPLIFIER). Der Entzerrer ist im einfachsten Fall ein

Differenzierer mit der gleichen Eckfrequenz wie der Integrator der Eingangsstufe. Diese Schaltungstechnik gibt die höchsten Empfängerempfindlichkeiten, hat aber eine Reihe praktischer Schwächen: Um den Vorteil geringeren Rauschens nutzen zu können, müssen die genannten Eckfrequenzen genau übereinstimmen. Das macht meist einen individuellen Abgleich der Schaltungen nötig und erfordert eine sehr sorgfältige Kompensation des Temperaturganges. Integrierende Empfänger scheiden daher für Analogsysteme normalerweise aus. Bei Digitalsignalen, die in ihrem Spektrum einen Gleichanteil haben, ist wegen der integrierenden Wirkung die Gefahr gegeben, daß der Verstärker in Sättigung geht; der Dynamikumfang der integrierenden Stufe ist daher geringer als bei anderen Schaltungen, und er engt die Wahl des Übertragungscodes ein.

Die TRANSIMPEDANZSCHALTUNG vermeidet diese Nachteile weitgehend. Das Prinzip ist in Bild 3-5 im Vergleich mit einer konventionellen Verstärkerstufe gezeigt.

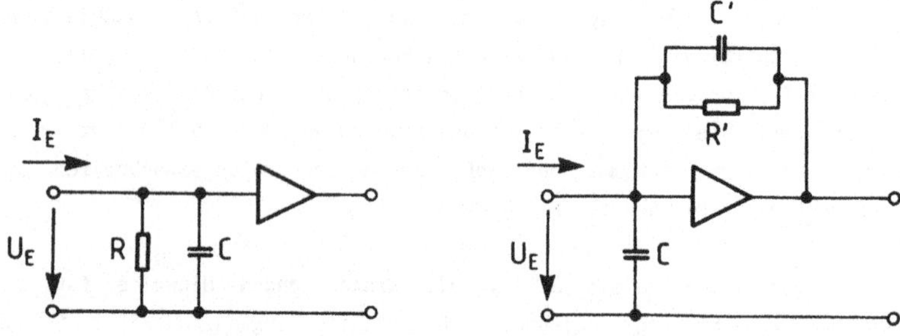

Bild 3-5: Transimpedanzverstärker (rechts) im Vergleich mit einem Verstärker ohne Gegenkopplung (links).

Für beide Verstärker ist angenommen, daß die Gesamtkapazität C am Eingang bestehe. Der Rückkoppelwiderstand R' sei mit der Streukapazität C' behaftet, die aber durch konstruktive und schaltungstechnische Maßnahmen (Kaskodestufe) sehr klein gemacht werden kann. Die Verstärker mögen die Leerlaufverstärkung $v \gg 1$ haben. Man findet nach kurzer Rechnung für den komplexen Eingangswiderstand im Fall des nicht rückgekoppelten Verstärkers

$$R_E = \frac{R}{1 + j\omega CR} \tag{3.20}$$

und im Fall des Transimpedanzverstärkers

$$R_E \approx \frac{\frac{R'}{v}}{1 + j\omega C' \cdot \frac{R'}{v}} \tag{3.21}$$

Im letzten Fall "sieht" man also ein Parallelschaltung aus der Kapazität C' und dem Widerstand R'/v. Man kann daher für R' einen hohen Widerstandswert wählen und so das Rauschen klein machen und gleichzeitig die Zeitkonstante $\tau = C' \cdot R'/v$ klein halten. Weil die Rückkoppelkapazität C' deutlich kleiner als die Eingangskapazität C ist, wird damit auch der zur dritten Potenz der Bandbreite proportionale Rauschanteil klein (vergleiche Gl.(3.19)). Der Transimpedanzverstärker erreicht nahezu die guten Rauscheigenschaften des integrierenden Verstärkers. Durch die Gegenkopplung werden aber Gleichanteile des Signals nur mit der Schleifenverstärkung (nicht mit der Leerlaufverstärkung) verstärkt. Die Dynamik ist daher wesentlich verbessert. Der Transimpedanzverstärker ist heute die am weitesten verbreitete Empfangsschaltung für breitbandige Systeme.

Gehen wir noch einmal zu Gleichung (3.19) zurück. Hier sind alle Rauschanteile zusammengefaßt, die unabhängig vom übertragenen Signal sind. Das Signal selbst ist mit weiteren Rauschanteilen behaftet, wie sie in den vorhergehenden Abschnitten skizziert wurden. Das Signal und alle Leistungsschwankungen auf der optischen Seite (und ein Teil des Dunkelstromes) sind bei Lawinendioden der Verstärkung unterworfen, wobei ein zusätzliches Rauschen durch die Statistik der Ladungsträgermultiplikation erzeugt wird (Gleichungen 3.10 und 3.11). Man kann nun qualitativ leicht verstehen, wann der Einsatz einer Lawinendiode sinnvoll ist. Betrachten wir dazu Bild 3-6.

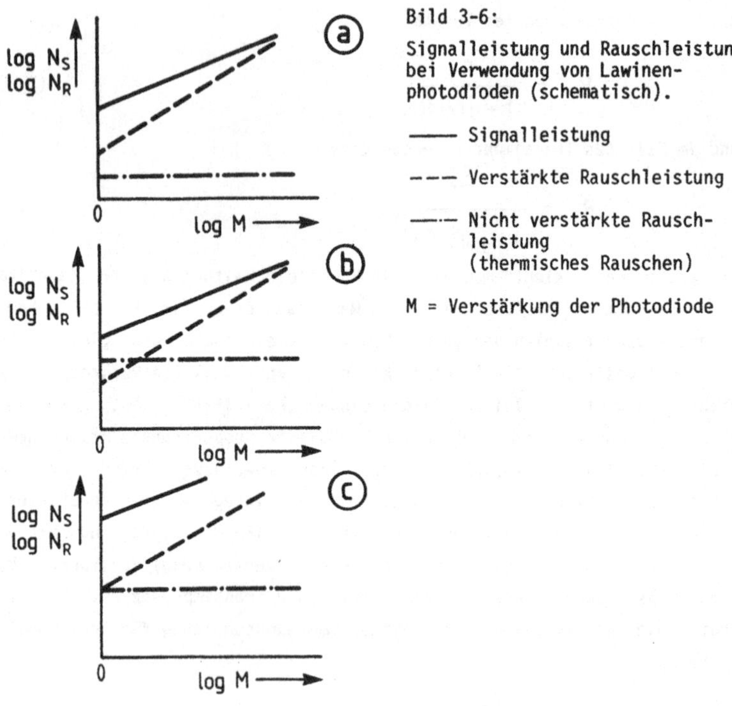

Bild 3-6:

Signalleistung und Rauschleistung bei Verwendung von Lawinenphotodioden (schematisch).

—— Signalleistung

- - - Verstärkte Rauschleistung

—·— Nicht verstärkte Rauschleistung (thermisches Rauschen)

M = Verstärkung der Photodiode

In Teilbild a ist bereits bei der Multiplikationsrate $M = 1$ ($\log M = 0$) das gesamte Rauschen, das der Verstärkung unterliegt, wesentlich größer als das thermische Rauschen. Der Signal-zu-Rausch-Abstand kann bei Lawinenverstärkung nur abnehmen (Gleichung 3.10). In diesem Fall bringt eine nicht verstärkende Photodiode (pin) das beste Ergebnis. Teilbild b entspricht einem System wesentlich größerer Bandbreite mit entsprechend höherem Anteil des Verstärkerrauschens; die sonstigen Verhältnisse seien unverändert. Jetzt dominiert bei $M = 1$ das thermische Rauschen. Durch Lawinenverstärkung kann der Signal-zu-Rausch-Abstand erhöht werden; die optimale Verstärkung liegt in der Nähe des Schnittpunktes von unverstärkter und verstärkter Rauschleistung. Die Systeme a und b sind typische

Fälle von Digitalsystemen bei niedrigen und hohen Bitraten. Analogsysteme benötigen im allgemeinen größere Signal-zu-Rausch-Abstände. Im Teilbild c ist die Signalleistung deshalb höher angenommen. Gemäß (3.7) steigt aber zugleich das Quantenrauschen an, sodaß nun wieder der optimale Arbeitspunkt in der Nähe von $M = 1$ zu liegen kommt; Lawinendioden bringen nur mäßige Verbesserung gegenüber pin-Dioden.

Zusammenfassend läßt sich als Tendenz festhalten: Lawinendioden sind in Digitalsystemen von Vorteil, und zwar umso mehr, je höher die Datenrate ist. Wegen des geringeren Zusatzrauschens liegen dabei die erzielbaren optimalen Verstärkungen bei Si- und GaInAsP-Dioden höher als bei Ge-Dioden. In Analogsystemen können Lawinendioden ebenfalls vorteilhaft sein, der Gewinn ist aber kleiner als in Digitalsystemen.

3.4 Analogsysteme

3.4.1 Übertragung im Basisband oder mit Amplitudenmodulation

Diese Übertragungsart stellt die höchsten Anforderungen an Rausch- und Verzerrungsfreiheit des Übertragungskanals. In beiden Beziehungen sind optische Systeme rein elektronischen unterlegen, und qualitativ hochwertige Ton- oder Bildübertragung läßt sich nicht erreichen. Auf der anderen Seite sind die Unbeeinflußbarkeit durch elektromagnetische Störungen, die Potentialfreiheit, das geringe Gewicht und die kleinen Abmessungen der Kabel und die großen Übertragungsentfernungen in vielen Anwendungsfällen sehr vorteilhaft. Glasfasergebundene AM-Systeme haben daher beispielsweise in Überwachungssystemen durchaus ihren Platz, zumal der technische Aufwand gering ist.

Eine einfache Abschätzung des Signal-zu-Rausch-Abstandes soll die Möglichkeiten zeigen. Betrachtet wird ein System, bei dem n gleichartige Kanäle der Bandbreite B im Frequenzvielfach (also auf Hilfsträgern) zusammengefaßt werden. Das Summensignal moduliere eine Sendediode (LED oder Laser) mit dem Modulationsgrad m um eine mittlere Sendeleistung P.

Das optische Signal wird auf der Strecke um den Faktor α gedämpft. Es erzeugt in der Empfangsdiode der Empfindlichkeit S einen Signalstrom, der mit dem Lawinenfaktor M multipliziert wird (M = 1 für pin-Dioden). An Rauscheffekten sind das Geräusch des Eingangssignals, das Laser-geräusch, das Quantenrauschen und das thermische Empfängerrauschen zu brücksichtigen. Für letzteres seien alle Anteile in einem äquivalenten Rauschwiderstand R zusammengefaßt. Die f^3-Anteile werden ignoriert, was bis weit über 100 MHz hinaus zulässig ist.

Wir erhalten für das Verhältnis von effektiver Signalleistung zur Rauschleistung je Kanal daher

$$\frac{S}{N} = \frac{i_{eff}^2}{i_E^2 + i_L^2 + i_Q^2 + i_R^2} \tag{3.22}$$

mit

$$i_{eff}^2 = \left(\frac{1}{\sqrt{2}} \cdot \frac{Pm\alpha SM}{n}\right)^2 ;$$ (Eff. Signalstrom)^2

$$i_E^2 = \frac{i_{eff}^2}{\left(\frac{S}{N}\right)_E} ;$$ Am Empfänger wirksames Rauschen des Eingangssignals.

$$i_L^2 = \frac{(P\alpha SM)^2}{\left(\frac{S}{N}\right)_L} ;$$ Am Empfänger wirksames Eigenrauschen der LED/des Lasers, gemessen an der Bandbreite B beim Modulationsgrad m.

$$i_Q^2 = 2eBP\alpha SM^{2+x} ;$$ Um das Lawinenzusatzrauschen erhöhtes Quantenrauschen (Dunkelstromvernachlässigt; Zusatzrauschen genähert nach Gleichung (3.12)).

$$i_R^2 = \frac{4kT\,B}{R} ;$$ Rauschen des äquivalenten Rauschwiderstandes R (Eingangswiderstand, Verstärker rauschen); k= Boltzmann-Konstante, T = absolute Temperat

(3.22) wird uns eine obere Grenze für das Signal-zu-Rausch-Verhältnis geben. In realen Systemen kommen Dunkelströme, Modenrauscheffekte und gegebenenfalls Frequenzanteile aus nichtlinearen Verzerrungen hinzu, die ins Übertragungsband fallen.

Als Beispiel wird S/N für Videosignale der Bandbreite B = 5 MHz in Restseitenbandmodulation nach Gleichung (3.22) berechnet. Bild 3-7 gibt das Ergebnis für 1 und 3 Kanäle als Funktion der Einfügungsdämpfung α an; als Empfänger werden eine Silizium-pin-Diode oder eine Lawinendiode optimaler Verstärkung eingesetzt. Die übrigen Parameter sind bei Bild 3-7 aufgeführt; sie entsprechen praktisch realisierbaren Verhältnissen.

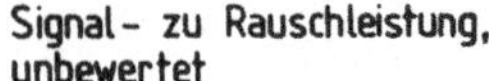

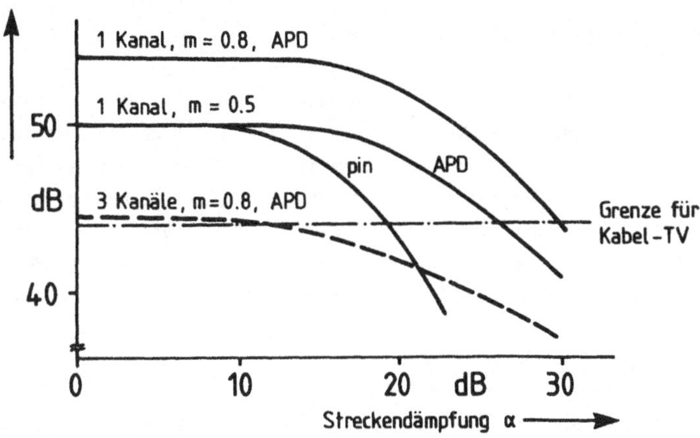

Bild 3-7: Berechnete Übertragungsqualität für Videosignale auf "idealem" optischem Kanal; der bewertete Rauschabstand liegt rund 3 dB höher.

(P = 1.4 mW, $S/N_E \rightarrow \infty$, S/N_L = 59 dB an 5 MHz, R = 1 kΩ, Wellenlänge λ = 850 nm, Silizium-Photodioden, M = 2...20, optimiert).

Bild 3-7 zeigt, daß 3 AM-Kanäle in Kabelfernsehqualität in realen Systemen bereits nicht mehr übertragen werden können, weil zu den berücksichtigten Rauschquellen stets noch weitere Fehlerquellen treten (Nichtlinearitäten, Modenrauschen, Modenverteilungsrauschen). So ist ein Modulationsgrad von m = 0,8 in einkanaligen Systemen wegen der Nichtlinearität der Laserkennlinie fast immer zu hoch; m = 0,5 ist eine realistischere Wahl. Lumineszenzdioden sind in dieser Hinsicht noch problematischer (und in der Leistung niedriger). Für 3 Kanäle kann m höher gewählt werden, weil je Kanal nach Gleichung (3.22) nur ein Drittel des Modulationsgrades wirksam ist. Die aus der Modellrechnung folgenden Grenzen bei Amplitudenmodulation werden durch eine Studie des Heinrich-Hertz-Institutes bestätigt /3.14/.

3.4.2 Übertragung mit Frequenzmodulation

Frequenzmodulation erhöht die Übertragungsqualität auf einem gegebenen Kanal, weil sowohl das Kanalrauschen als auch die Nichtlinearitäten an Einfluß verlieren. Eine höhere Übertragungsbandbreite und wesentlich größerer Schaltungsaufwand müssen dafür in Kauf genommen werden. Gleichung (3.22) beschreibt allgemein das Verhältnis von Signalleistung zu Rauschleistung im Übertragungskanal; als wirksame Rauschbandbreite muß nun natürlich die Modulationsbandbreite

$$B \approx 2(B_S + \Delta f) \qquad (3.23)$$

eingesetzt werden. B_S ist die Bandbreite des Nutzsignals, Δf der maximale Frequenzhub. $\Delta f/B_S$ ist der Modulationsindex. Aus dem hieraus berechneten S/N im Hochfrequenzbereich erhält man für das Beispiel der Videoübertragung das bewertete Signal-zu-Rausch-Verhältnis im Nutzband B_S gemäß der folgenden Näherungsformel /3.15/

$$\left(\frac{S}{N}\right)_{bew,FM} \approx \frac{S}{N} \cdot \frac{12B\,(0{,}7\,\Delta f)^2}{B_S^{\,3}} \quad . \qquad (3.24)$$

Durch Einführung einer Präemphase im Modulator und der entsprechenden Deemphase im Demodulator lassen sich über (3.24) hinaus etwa weitere 2 dB an Signal-zu-Rauschabstand gewinnen. Mit einkanaligen Systemen kann man auf diese Weise Studioqualität erreichen (etwa 70 dB für das bewertete S/N). Es kann die Reserve auch genützt werden, um sehr lange Strecken mit verminderten Qualitätsansprüchen zu überbrücken; 90 km Streckenlänge wurden bei 53 dB bewertetem S/N kürzlich erzielt /3.16/. Andererseits kann bei Kabelfernsehqualität (S/N $\geq$ 47 dB bewertet) die Zahl der Kanäle wesentlich über die 2 bis 3 möglichen AM-Kanäle erhöht werden. /3.11/ gibt ein Beispiel für ein System, bei dem 12 Fernsehkanäle und 12 UKW-Stereo-Kanäle über zwei hintereinandergeschaltete Faserstrecken übertragen werden. Mit mehr als 600 MHz ist die notwendige Gesamtbandbreite allerdings so hoch, daß mit Multimodefasern nur noch einige 100 Meter Länge überbrückt werden können. Laser bei 850 nm Wellenlänge sind bisher bezüglich Rauschen und Linearität solchen bei 1300 nm überlegen.

3.4.3 Übertragung mit Pulsfrequenz- oder Pulsphasenmodulation

Diese beiden Verfahren werden unter die analogen Methoden eingeordnet, weil die Information in der zeitlichen Lage der Impulsflanken enthalten ist. Beide Modulationsverfahren sind der oben skizzierten Frequenzmodulation ähnlich, und sie führen auch zu vergleichbaren Signalqualitäten. Es können aber weitgehend digitale Schaltkreise zur Signalverarbeitung eingesetzt werden. Die Pulsphasenmodulation eignet sich für Systeme mit etwa bis zu vier Kanälen, indem die Einzelkanäle im Zeitmultiplex verschachtelt werden. Eine schaltungstechnisch einfache Umsetzung in eine Pulsamplitudenmodulation im Empfänger bietet darüber hinaus die Möglichkeit, die das Videosignal enthaltenden Seitenbänder des Impulsspektrums so zu legen, daß sie direkt in einen Empfangskanal herkömmlicher Fernsehempfänger fallen /3.17/.

Pulsfrequenzmodulierte Signale enthalten das Nutzsignal in Originallage im Basisband; hier genügt zur Demodulation sogar ein einfacher Tiefpaß. Das macht diese Übertragungsart für einfache Verteilsysteme guter Qualität besonders interessant.

Bild 3-8 faßt die Möglichkeiten analoger Übertragung von Videokanälen zusammen. Die hier als Richtwerte gegebenen Grenzen sind unter der Voraussetzung abgeschätzt, daß LEDs und Laser sehr guter Qualität benutzt werden (Eigenrauschen, Linearität, spektrale Stabilität). In vielen Fällen wird man Abstriche wegen des Modenverteilungsrauschens insbesondere bei größeren Streckenlängen machen müssen.

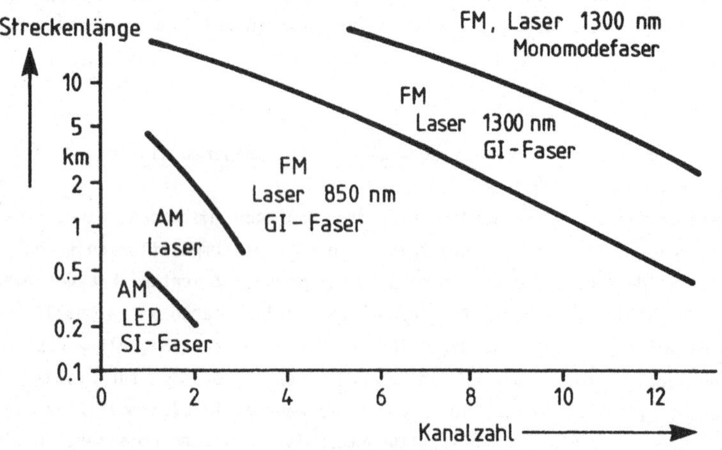

Bild 3-8: Abschätzung der Grenzen für die analoge Übertragung von 5 MHz-Videokanälen über Lichtwellenleiter.

3.5 Digitalsysteme

3.5.1 Die Wahl des Übertragungscodes

Ein Übertragungssystem soll normalerweise ganz unabhängig von der angebotenen Bitfolge arbeiten (transparenter Kanal). Dies muß im allgemeinen durch eine Umcodierung gewährleistet werden, die zumindest folgende weitere Forderungen erfüllt:

- Die Taktinformation muß beim Empfänger aus dem Signal rückgewinnbar sein.
- Der Decoder muß eine eindeutige Zuordnung seiner Ausgangsworte zu den empfangenen Codeworten garantieren.

Daneben sind zusätzliche Eigenschaften des Codes erwünscht:
- Bestmögliche Ausnutzung der Übertragungseigenschaften des Kanals.
- Minimale Fehlerfortpflanzung bei Auftreten eines Übertragungsfehlers.
- Möglichkeit der Fehlerratenmessung (für die Betriebsüberwachung des Systems). Fehlerkorrektur wird bei optischen Übertragungssystemen in der Regel nicht durchgeführt.
- Geringe Spektralanteile der Leistung bei kleinen Frequenzen, um Wechselspannungskopplung von Schaltungsteilen zu ermöglichen und das Einrichten von niederfrequenten Zusatzkanälen für Telemetrie zu erlauben.
- Eine möglichst kleine "Laufende Digitale Summe" (Zahl aller bis zum aktuellen Zeitpunkt übertragenen "Einsen" abzüglich Zahl aller "Nullen"), um Empfänger geringer Dynamik verwenden zu können und stabile Laserarbeitsbedingungen zu haben.
- Geringer Schaltungsaufwand.

Die optische Nachrichtenübertragung benutzt fast ausschließlich Binärcodes, vor allem wegen der signalabhängigen Rauschterme (Quantenrauschen, Lawinenrauschen), zum Teil auch wegen schlechter Linearität der Sender. Nur in Spezialfällen (Strecken sehr hoher Dispersion) ist von Mehrpegel-Codes ein geringer Vorteil zu erwarten. Eine gute Übersicht gibt /3.18/.

Am häufigsten werden Blockcodes fester Länge verwendet, die durch das Symbol "mBnB" gekennzeichnet werden (m,n ganz positiv, $n \geq m$): Einem Eingangswort der Länge m bit wird ein Ausgangswort der Länge n bit zugeordnet. Macht man $n > m$, so stehen mehr Ausgangsworte als Eingangsworte zur Verfügung. Man kann dann die Auswahl und Zuordnung auf bestimmte Codeeigenschaften hin optimieren. Das kann beispielsweise auch so geschehen, daß in Abhängigkeit von der Vorgeschichte zwischen unterschiedlichen Zuordnungen (Alphabeten) umgeschaltet wird. Besonders günstig sind Codes mit geradzahligem n. Sie enthalten bereits eine Grundmenge von Codeworten mit der Bitsumme NULL (Bitsumme = Zahl der 1-bits minus Zahl der 0-bits), und es gibt eine Anzahl von Codewort-Paaren, die entgegengesetzt gleiche Bitsummen haben, sodaß durch entsprechende Umschaltung des Alphabets ein Code mit sehr kleinem Betrag der Laufenden Digitalen Summe (LDS) entsteht.

In Weitverkehrssystemen der Deutschen Bundespost wird aufgrund solcher Überlegungen ein 5B6B-Code benutzt. Er stellt einen guten Kompromiß dar zwischen der Geschwindigkeitserhöhung, den spektralen Eigenschaften und dem Schaltungsaufwand. Die Wahl der Codeworte ist so getroffen, daß die LDS zwischen -3 und +3 bleibt. Eine Überschreitung dieser Werte tritt nur bei Übertragungsfehlern auf. Hiermit kann die Übertragungsgüte (Bitfehlerrate) der Strecke im Betrieb überwacht werden. Die 5B6B-Codierung reicht allerdings nicht aus, um die volle Transparenz des Übertragungskanals sicherzustellen, weil bei bestimmten periodischen Eingangsbitfolgen der Synchronismus zwischen Coder und Decoder verloren gehen kann. Mit einem SCRAMBLER wird daher die Eingangsbitfolge zuvor in quasistatistischer Weise verwürfelt, um die periodischen Signalanteile zu reduzieren. Damit stellt man die Synchronisierfähigkeit des empfangsseitigen Decoders sicher. Zusätzlich werden die niederfrequenten Spektralanteile des Signals durch dieses Scrambeln weiter vermindert, was dem Empfängerentwurf entgegenkommt.

3.5.2 Prinzipielle Grenzen der Empfängerempfindlichkeit

Unsere Betrachtung soll sich auf Systeme mit zwei Signalpegeln beschränken, die die NULL und die EINS repräsentieren. Der Empfänger muß aus dem ankommenden Signalstrom Information über die exakte zeitliche Lage der Binärzeichen gewinnen, und er muß in den hieraus bestimmten Abfragezeitpunkten die Entscheidung treffen, welches Zeichen übertragen wurde. Es besteht eine endliche Wahrscheinlichkeit dafür, daß die Entscheidung falsch getroffen wird, und zwar

a) aus dem prinzipiellen Grund, daß das Signal gemäß Abschnitt 3.3 mit Rauschen behaftet ist

b) wegen praktischer Unzulänglichkeiten
   - durch unvollständige Entzerrung des Frequenzganges der Übertragungsstrecke und des Eingangsverstärkers
   - durch eine verbleibende Unsicherheit des Abfragezeitpunktes (Jitter der Taktinformation).

Die Wahrscheinlichkeit für Fehlentscheidungen wird durch die BITFEHLERRATE (BFR) gemessen, zum Beispiel im regulären Betrieb aus Verletzungen der Codierungsvorschriften oder außerhalb des Betriebs mit Fehlermeßgeräten, die spezielle, dem Empfänger bekannte Bitfolgen vorgegebener Statistik benutzen. Die BFR ist ein günstigeres Qualitätsmaß für die Übertragung als das Signal-zu-Rausch-Verhältnis, weil bei optischen Systemen instationäres Rauschen vorliegt und weil die erwähnten Dispersions- und Jittereffekte hinzukommen.

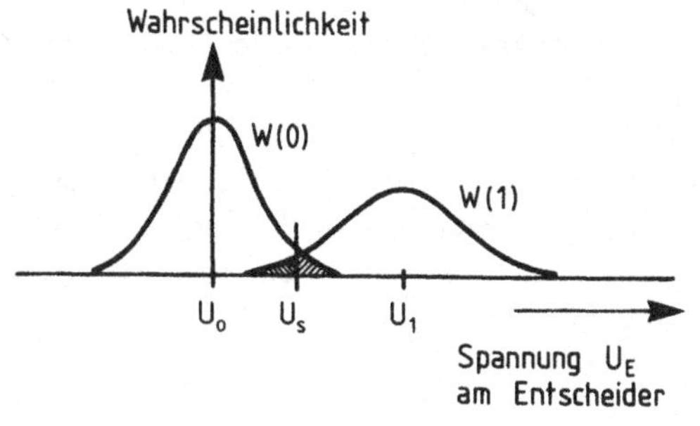

Bild 3-9: Pegelverteilung am Entscheider.

Es ist dennoch lehrreich, unter idealisierenden Annahmen das minimale Signal-zu-Rausch-Verhältnis am Entscheider für eine geforderte Bitfehlerrate abzuschätzen. Bild 3-9 zeigt die prinzipielle Situation bei der Abtastung.

Die Verteilungen W(0) und W(1) geben die Wahrscheinlichkeiten an, welche Spannung U_E eine gesendete 0 bzw. 1 im Abtastzeitpunkt am Entscheider erzeugen. Die Entscheiderschwelle U_S ist so zu legen, daß möglichst wenige Fehlentscheidungen getroffen werden. Wir nehmen eine Gaußverteilung für W(0) und W(1) an, was nur das Verstärkerrauschen richtig beschreibt, aber für die übrigen Rauschanteile eine ordentliche Näherung darstellt, und wir definieren

$$Q_{0,1} = \frac{|U_S - U_{0,1}|}{\sigma_{0,1}} \tag{3.25}$$

wobei U_0, U_1 die Erwartungswerte für 0 bzw 1 und σ_0, σ_1 die Standardabweichungen sind. Die Schwelle ist optimal gewählt, wenn (bei 0-1-Gleichverteilung) $Q_0 = Q_1 = Q$ ist. Dann ist die Wahrscheinlichkeit einer Fehlentscheidung /3.12/

$$BFR = \frac{1}{\sqrt{2\pi}} \int_Q^\infty e^{-\frac{x^2}{2}} dx \approx \frac{1}{\sqrt{2\pi}} \cdot \frac{e^{-\frac{Q^2}{2}}}{Q} . \tag{3.26}$$

Für die meist geforderte Bitfehlerrate von 10^{-9} ist $Q = 6{,}0$. Wenn das Rauschen als gaußverteilt angenähert wird, so ist die Standardabweichung gleich dem mittleren Rauschstromquadrat, wie es durch Gleichung (3.5) am Ort der Empfangsdiode definiert ist.

Nimmt man vereinfachend an, daß nur stationäres (signalunabhängiges) Rauschen auftritt, dann haben die Verteilungen W(0) und W(1) gleiche Form, das heißt, es wird $\sigma_0 = \sigma_1 = \sigma$. Mit $U_0 = 0$ ist zugleich $U_S = U_1/2$ und $Q = U_1/2\sigma$. Es folgt

$$\frac{S}{N} = \frac{U_1^2}{\sigma^2} = 4Q^2 . \tag{3.27}$$

Für eine Fehlerrate von 10^{-9} entsprechend $Q = 6$ ergibt sich ein zu forderndes Signal-zu-Rausch-Verhältnis von 21,6 dB. Genauere Rechnungen liefern ein hiervon nur geringfügig abweichendes Ergebnis.

Die minimal mögliche Eingangsleistung erhält man, wenn das gesamte Verstärkerrauschen (einschließlich Dunkel- und Multiplikationsrauschen) als verschwindend klein gegen das unvermeidbare Quantenrauschen angenommen wird (QUANTENRAUSCHGRENZE). Wenn im Mittel für eine gesendete EINS N Photoelektronen in der Empfangsdiode registriert werden, dann ist die Wahrscheinlichkeit, daß bei der Abfrage überhaupt kein Elektron erzeugt wird /3.12/

$$BFR = w(1)_0 = e^{-N} . \tag{3.28}$$

Für eine Fehlerrate von 10^{-9} ist $N \approx 21$. Bei NULL/EINS-Gleichverteilung wird daher die durchschnittliche Empfangsleistung an der Quantenrauschgrenze

$$\overline{P}_{min} = \frac{1}{2} \cdot \frac{1}{\eta} \cdot 21\, h\nu \cdot \frac{1}{T_B} \tag{3.29}$$

wobei η = Quantenwirkungsgrad, $h\nu$ = Photonenenergie, T_B = Bitdauer = 1/Übertragungsbitrate. In der Praxis sind die besten Empfindlichkeiten zehn- bis hundertmal schlechter.

3.5.3 Die Berechnung des realen Empfängers

In einem Übertragungssystem werde bei einer logischen NULL keine Leistung übertragen, bei einer logischen EINS gelange ein Einzelpuls $p(t)$ zum Detektor mit der Gesamtenergie

$$\int_{-\infty}^{\infty} p(t)\, dt = b \cdot T_B \tag{3.30}$$

Zur Berechnung der durchschnittlichen optischen Leistung $\overline{P}$ ist die statistische Verteilung von Nullen und Einsen zu berücksichtigen. Für die meist angestrebte Gleichverteilung ist $\overline{P} = b/2$.

Eine EINS soll im Abtastzeitpunkt (t=0) einen möglichst großen Signalwert ergeben, die NULL einen möglichst verschwindenden. Anteile von Signalen der Nachbarzeitpunkte ($\pm T_B$, $\pm 2T_B$, ...) sollen zugleich minimal und Rauschanteile sollen ebenfalls minimal sein. Durch geeignete Filter ist daher die Rauschbandbreite möglichst klein zu machen und der Frequenzgang der Faser und eventuell des Vorverstärkers so zu entzerren, daß minimale gegenseitige Störungen entstehen. Smith und Personick haben eine übersichtliche Berechnungsmethode und charakteristische Werte für verschiedene mögliche Filter angegeben /3.12/. Der Gedankengang sei hier wegen seiner Wichtigkeit kurz zusammengefaßt.

Folgende Vereinbarungen werden getroffen (wobei $x(t) \circ\!\!-\!\!\bullet X(\omega)$ die Fouriertransformation bezeichnen soll):

$$p(t) = b \cdot h_p(t)$$

Mit (3.30) definiert man einen normierten Eingangspuls

$$\frac{1}{T_B} \int_{-\infty}^{\infty} h_p(t)\, dt = 1 \, ; \qquad h_p(t) \circ\!\!-\!\!\bullet H_p(\omega) \, . \tag{3.31}$$

Die Eingangsleistung erzeugt einen Photostrom (mit der Diodenempfindlichkeit $S = \eta q / h\nu$)

$$i_s(t) = M S p(t) \, ; \qquad i_s(t) \circ\!\!-\!\!\bullet I_s(\omega) \tag{3.32}$$

Mit der Übertragungsfunktion $Z_T(\omega)$ des Verstärkers (3.13) ergibt sich die Ausgangsspannung

$$U_A(\omega) = Z_T(\omega) \cdot I_s(\omega) \, .$$

Wir definieren $Z_T(\omega) = R_T \cdot H_T(\omega)$ und erhalten mit (3.32)

$$U_A(\omega) = M S R_T \cdot H_p(\omega)\, H_T(\omega) = M S R_T \cdot H_A(\omega) \, ;$$

$$H_A(\omega) \bullet\!\!-\!\!\circ h_A(t) \, . \tag{3.33}$$

Die Normierung wird so vereinbart, daß im Abtastzeitpunkt (t=0)

$$h_A(0) = 1$$

wird. Damit ist auch R_T festgelegt.

Eine von der Bitrate unabhängige Vereinheitlichung ergibt sich durch die Wahl einer bezogenen Frequenz

$$y = f \cdot T_B = \frac{\omega T_B}{2\pi} \; ; \; \omega = \frac{2\pi y}{T_B} \; ; \; B = \frac{1}{T_B} \tag{3.34}$$

mit den neuen Variablen $H_p'(y)$, $H_T'(y)$, $H_A'(y)$. Zum Abtastzeitpunkt können jetzt in allgemeiner Form das Nutzsignal, die störenden Signalanteile der Nachbarbits und - nach Rücktransformation der Rauschanteile in den Zeitbereich - die Beiträge der verschiedenen Rauschquellen berechnet werden. Gleichung (3.26) gibt dann die zugehörige Bitfehlerrate an.

Bezogen auf den Verstärkereingang findet man nach einiger Rechnung als Ergebnis:

o Für das Nutzsignal im Fall der logischen EINS:

$$i_s = MSb = M \frac{\eta q}{h\nu} b \tag{3.35-1}$$

o Folgende Erwartungswerte der Rauschanteile:
- Für das Quantenrauschen des Nutzsignales:

$$i_{QN}^2 = 2eSGbBI_1 \tag{3.35-2}$$

wobei $G = \langle M^2 \rangle = M^2 \cdot F(M)$, siehe (3.10).

- Für das Quantenrauschen der störenden Signalanteile anderer EINS-Pulse im schlimmsten Fall, das heißt, wenn alle Nachbarpulse ebenfalls EINS sind:

$$i_{QS}^2 = 2eSGbB(\Sigma_1 - I_1) \tag{3.35-3}$$

- Für das Rauschen der Dunkelströme:

$$i_D^2 = 2e[GI_M + I_N]\, B \cdot I_2 , \qquad (3.35\text{-}4)$$

wobei I_M die multiplizierten Anteile, I_N die nicht multiplizierten Anteile umfaßt.

- Für die Parallelrauschquellen des Empfängers

$$i_{PAR}^2 = \frac{d(i_{äqu}^2)}{df}\, B \cdot I_2 . \qquad (3.35\text{-}5)$$

- Für die Serienrauschquellen des Verstärkers

$$i_{SER}^2 = \frac{d(u_{RS}^2)}{df}\left[\frac{B \cdot I_2}{R^2} + (2\pi C)^2 B^3 \cdot I_3\right] \qquad (3.35\text{-}6)$$

Die Ausdrücke I_1, I_2, I_3, Σ_1 ("Personick-Integrale") sind dabei gegeben durch

$$I_1 = \text{Real}\left(\int_0^\infty H_p'(y)\, [H_T'(y) * H_T'(y)]\, dy\right) \qquad (3.36\text{-}1)$$

$*$ bedeutet Faltung

$$I_2 = \int_0^\infty |H_T'(y)|^2\, dy \qquad (3.36\text{-}2)$$

$$I_3 = \int_0^\infty |H_T'(y)|^2\, y^2\, dy \qquad (3.36\text{-}3)$$

$$\Sigma_1 = \frac{1}{2}\sum_{k=-\infty}^{\infty} H_p'(k)\, [H_T'(k) * H_T'(k)] \qquad (3.36\text{-}4)$$

Anschaulich gesehen beschreibt I_1 den Einfluß der Eingangspulsform auf das Quantenrauschen und die Bewertung dieses Rauschens durch die Übertragungsfunktion des Empfängers. I_2 beschreibt die Bewertung aller signalunabhängigen Parallelrauschquellen und I_3 die der signalunabhängigen Serienrauschquelle durch die Übertragungsfunktion.

Die Gleichungen (3.35) und (3.36) verdeutlichen noch einmal, wie prinzipiell vorzugehen ist, um zu empfindlichen Empfängern zu kommen:

a) Gesamteingangswiderstand R groß !

b) Gesamteingangskapazität C klein !

c) Wahl der Übertragungsfunktion $Z_T(\omega)$ bzw. $H_T(y)$ so, daß

c1) der Signalwert im Abtastzeitpunkt maximal wird

c2) kein Nebensprechen der EINS-Impulse in die Abtastzeitpunkte von Nachbarimpulsen stattfindet

c3) die Werte der Personick-Integrale möglichst klein werden (geringe Rauschbandbreite).

Die Maßnahmen c1 bis c3 ergeben eine maximale "Augenöffnung", das heißt eine minimale Fehlerwahrscheinlichkeit am Entscheider.

Wegen des unvermeidbaren Quantenrauschens läßt sich ein ungenügender Frequenzgang von Glasfasern nicht so weitgehend entzerren wie dies bei kupfergebundenen Systemen der Fall ist. Die Bandbreite von Faserstrecken wird daher in der Regel mindestens entsprechend der Nyquist-Bandbreite $1/2 \cdot T_B$ gewählt.

Die Bedingung c wird gut erfüllt von einer häufig verwendeten Klasse von Bewertungsfiltern, die RAISED COSINE FILTER genannt werden. Die Ausgangspulsform dieser Filter ist (β ist ein Design-Parameter)

$$h_A(t) = \frac{\sin(\pi t')\cos(\beta\pi t')}{\pi t'[1-(2\beta t')^2]} \; ; \quad t' = \frac{t}{T_B} \qquad (3.37)$$

Es ist also $h_A = 1$ im Abtastpunkt $t = t' = 0$ und $h_A = 0$ zu allen anderen Abtastzeitpunkten $t = \pm n\,T_B$. Nebensprechen findet daher nicht statt; zugleich wird das Rauschen klein gehalten. Smith und Personick haben in /3.12/ zahlreiche Beispiele für verschiedene Eingangspulse und verschiedene Werte des Parameters β angegeben und die zugehörigen Integrale berechnet.

Es würde in dieser Zusammenstellung zu weit gehen, die Schaltungstechnik der Photoempfänger im Licht ihrer Rauscheigenschaften genauer zu untersuchen. Eine Abwägung findet sich bereits in Abschnitt 3.3; sie hat gezeigt, daß integrierende Eingangsstufen höchste Empfindlichkeiten ergeben, daß gegengekoppelte (Transimpedanz-) Verstärker aber vom praktischen Standpunkt aus oft zu bevorzugen sind. Lawinendioden sind in Digitalsystemen nichtverstärkenden Dioden meist überlegen, weil thermisches Rauschen das unverstärkte Quantenrauschen, das Dunkelstromrauschen und das Rauschen der Quelle überwiegt. Feldeffekttransistoren als Eingangsstufen sind bei niedrigen Bitraten rauschärmer als Bipolartransistoren, neuere GaAs-FETs können aber bis zu einigen hundert Mbit/s mit Vorteil eingesetzt werden. Erst bei noch höheren Frequenzen ergeben sich mit Bipolartransistoren geringe Vorteile. Ausführliche Analysen entnehme man beispielsweise /3.12/ und /3.18/.

Das nachfolgende Bild 3-10 gibt einen Überblick über erreichbare Empfindlichkeiten. Es ist jeweils die minimal notwendige Leistung an der Photodiode für eine Bitfehlerrate von 10^{-9} angegeben. Die Zahlenwerte sind als Richtwerte zu verstehen; sie gelten für Bauelemente neuester Bauart und setzen eine sehr sorgfältige Schaltungsdimensionierung voraus. Für Lawinenphotodioden bei 1300 nm Wellenlänge (GaInAsP-Dioden) handelt es sich zur Zeit um etwas spekulative Werte, weil erst ganz wenige Messungen hierzu veröffentlicht sind; bei Entstehung dieses Buches waren solche Dioden noch nicht im Handel.

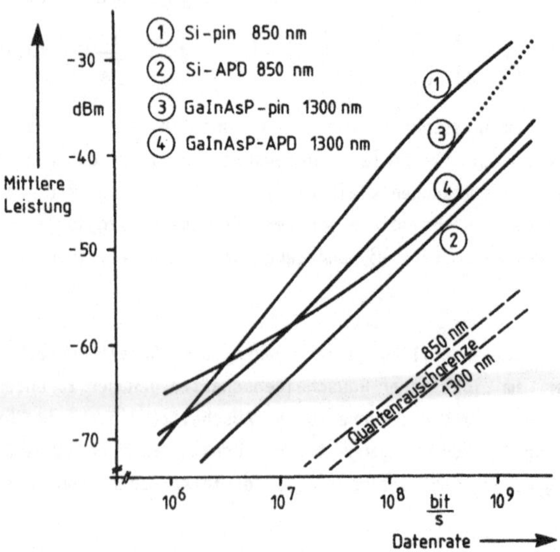

Bild 3-10:

Empfindlichkeit von Photoempfänger für eine Bitfehlerrate von 10^{-9} (Richtwerte !) Leistung gemessen an der Photodiode.

3.5.4 Entwurfsbeispiel

Es soll eine Übertragungsstrecke für die Nettobitrate 140 Mbit/s mit Gradientenindexfasern konzipiert werden; die Streckenlänge sei 15 km. Es sollen Fasern folgender Mindestspezifikation zur Verfügung stehen:

Wellenlänge	Dämpfung	Bandbreite (gemessen mit einer Quelle der spektralen Breite 3 nm)
850 nm	2,3 dB/km	1 GHz km
1300 nm	1,0 dB/km	1 GHz km

Es sollen Stecker an jedem Ende der Strecke angebracht sein; die durchschnittliche Länge zwischen Spleißstellen sei 2 km. 6 dB Systemreserve und 3 dB Reserve für Kabelreparaturen seien gefordert. Welche Wellenlänge und welcher Empfänger kommen in Frage?

Hierzu zuerst eine überschlägige Abschätzung der Dämpfung: Bei <u>850 nm</u> müssen wir im ungünstigsten Fall etwa wie folgt rechnen:

Mittlere Sendeleistung:	1 mW ≙	0 dBm
Dämpfungen:	15 km Faser	34,5 dB
	2 Stecker	3,0 dB
	8 Spleiße (0,3dB)	2,4 dB
	Systemreserve	6,0 dB
	Reparaturreserve	3,0 dB
	Sonstiges	1,1 dB
	SUMME	50 dB

Wir brauchen also eine minimale Empfängerempfindlichkeit von -50 dBm. Zur Übertragung wird ein 5B6B-Leitungscode gewählt, die Übertragungsbitrate ist also

$$140 \text{ Mbit/s} \cdot 6/5 = 168 \text{ Mbaud.}$$

Bild 3-10 zeigt, daß bei dieser Geschwindigkeit die geforderte Empfindlichkeit mit einem APD-Empfänger gerade noch erreichbar ist. Bei <u>1300 nm</u> ergibt sich wegen der geringeren Faserverluste eine Gesamtdämpfung von 30,5 dB, die Empfangsleistung ist für einen pin-Dioden-Empfänger (Empfindlichkeit -44 dBm) weit ausreichend.

Die Bandbreite läßt sich etwa so abschätzen: Nach Gleichung (3.4) ist

$$B(15\,km) \approx \frac{B(1\,km)}{15^{\gamma}}$$

Typische Werte für γ infolge der Modenmischung können mit

γ = 0,85 für 850 nm und

γ = 0,7 für 1300 nm angesetzt werden.

Dies gibt für die 15 km-Strecke eine optische Gesamtbandbreite

B = 100 MHz für 850 nm

B = 150 MHz für 1300 nm

oder mit Gleichung (3.2) eine elektrische Bandbreite

B_E ≈ 70 MHz für 850 nm

B_E ≈ 106 MHz für 1300 nm.

Für das gesamte System ist bei 168 Mbit/s nach dem Nyquistkriterium eine Bandbreite von ≥ 84 MHz nötig. Bei 70 MHz Faserbandbreite könnte dies zwar durch Entzerrung noch erreicht werden, diese Entzerrung wäre aber mit einigen dB an Empfindlichkeitsverlust zu bezahlen; die Leistungsbilanz für 850 nm läßt dies jedoch nicht mehr zu. Die Übertragungsstrecke muß daher bei 1300 nm Wellenlänge arbeiten.

In der Wahl des Lasers ist man nun ziemlich frei, da die Faserstrecke genügend Reserven sowohl in der Dämpfung als in der Bandbreite bereitstellt. Wegen der Gefahr des Modenrauschens wird man einen spektral breiten (vielmodigen) Laser bevorzugen. Da die chromatische Dispersion der Faser in der Umgebung von 1300 nm Wellenlänge sehr klein ist, wird auch ein sehr breites Laserspektrum nicht zu einer merkbaren Einschränkung der Bandbreite führen. Zu beachten ist lediglich noch, daß die Mittenwellenlänge nicht weiter als 10 bis 20 nm von 1300 nm abliegt, da sonst die Faserdämpfung möglicherweise schnell ansteigt.

Die obige Leistungsbilanz galt für den Grenzfall der schlechtesten Dämpfungswerte. Es wird oft auch notwendig sein, den Bestfall anzusehen, um die nötige Empfängerdynamik zu ermitteln. Für diesen Grenzfall könnte erfahrungsgemäß gelten:

Mittlere Sendeleistung			+ 1 dBm
Dämpfungen:	15 km Faser	(0,6 dB/km)	9 dB
	2 Stecker	(0,4 dB)	0,8 dB
	8 Spleiße	(0,1 dB)	0,8 dB
	SUMME		10,6 dB

Es ist also eine Empfangsleistung von rund -10 dBm zu verarbeiten. Jeder konventionell aufgebaute Empfänger, dessen Grenzempfindlichkeit unterhalb von -40 dBm liegt, wird bei dieser Leistung bereits an der Sättigungsgrenze sein. Ein spezieller Schaltungsentwurf ist also nötig, oder es muß ein optisches Dämpfungsglied eingefügt werden, das bei Bedarf die Leistung zu reduzieren erlaubt.

3.5.6 Die Leistungsfähigkeit verschiedener Systemlösungen

Am Schluß des Kapitels über Digitalsysteme soll eine Übersicht stehen, welche Kabellängen in Abhängigkeit von der Bitrate für verschiedene Systemlösungen überbrückt werden können. Die Kurven in Bild 3-11 geben in etwa die Grenzen an, die bei sorgfältiger Optimierung in produktmäßigen Systemen erreichbar sind. Ausgesuchte Laborsysteme mögen noch darüber hinaus gehen.

Jeder Kurvenzug, der für die Kombination eines bestimmten Sendeelementes mit einem Fasertyp gilt, weist prinzipiell zwei Zweige auf: Im rechten unteren Zweig ist die erreichbare Streckenlänge durch die Dämpfung und die minimal notwendige Empfangsleistung gegeben. Der Verlauf ist zum Beispiel mit Hilfe von Gleichung (3.29) leicht zu verstehen. Da

$$\overline{P}_{min} \sim \frac{1}{T_B} = \text{Datenrate}$$

steigt bei Verdoppelung der Datenrate die minimale Leistung um den Faktor 2 entsprechend 3 dB. Tatsächlich ist meist mehr als 3 dB Leistungserhöhung nötig, weil das Rauschen stärker als proportional der Bandbreite ansteigt. Wegen der höheren kilometrischen Dämpfung der Fasern ist die Steigung bei 850 nm größer als bei 1300 nm oder gar bei 1550 nm.

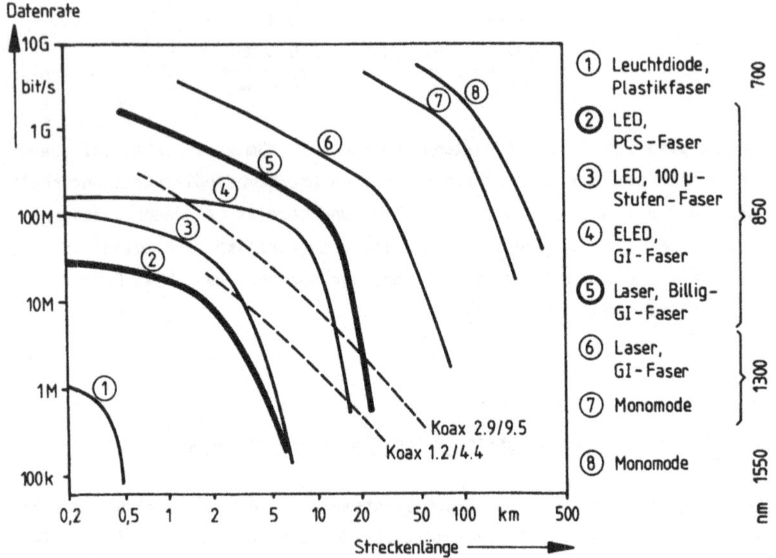

Bild 3-11: Grenzdaten digitaler optischer Übertragungsysteme

Der andere Kurvenzweig links oben beschreibt die Dispersionsbegrenzung: Je Verdoppelung der Streckenlänge halbieren sich etwa die verfügbare Bandbreite und die mögliche Datenrate. Eine Ausnahme bildet Kurve 4: Dort ergibt sich eine Begrenzung der Datenrate einfach durch die größte Modulationsgeschwindigkeit der kantenemittierenden Lumineszenzdiode (ELED). Die Kurven 7 und 8 sind unter der Annahme longitudinal einmodiger Laser abgeschätzt. Sie stellen daher zur Zeit eher den Stand in Forschungslabors als den allgemein akzeptierten Stand der Technik dar.

Zur Abrundung sind einige Systembestwerte aus der Literatur der letzten Jahre in der nachfolgenden Tabelle zusammengestellt.

Wellenlänge nm	Faser	Datenrate Mbit/s	Streckenlänge km	Zitat
850	GI	560	7,2	/3.19/
1200	GI	34	36	/3.20/
1300	GI	140	20	/3.21/
1300	SM	2000	44	/3.22/
1300	SM	420	84	/3.23/
1550	SM Disp.shift.	320	103,5	/3.24/
1523	SM	446	170	/3.25/
1550	SM	1000	120	/3.26/

3.6 Spezielle Systeme

3.6.1 Zweiwege-Übertragung

Bei vielen Anwendungen, zum Beispiel für Teilnehmeranschlüsse in Kommunikationsnetzen oder für Rechnerverbindungen, ist es wünschenswert, einen Lichtwellenleiter in zwei Übertragungsrichtungen zu nutzen, weil dadurch Kabelkosten gespart werden können. Man kann diese Betriebsweise fast immer dadurch realisieren, daß man Hin- und Rückkanal bei verschiedenen Wellenlängen betreibt und eine gegenseitige Störung durch entsprechende Filter ausschließt ("Wellenlängenmultiplex") oder daß man die Signale auf Hilfsträger aufmoduliert und eine elektronische Trennung im Frequenzbereich vorsieht. Unter gewissen Vorsichtsmaßregeln kann aber auch bei Wellenlängen- und Frequenzgleichlage der entgegengesetzt laufenden Signale das Nebensprechen für praktische Anwendungen klein genug gemacht werden. Dies führt zu besonders preiswerten Systemlösungen. Beispiele sind eine kombinierte Video- und Tonübertragung für den Fall von Analogsignalen /3.27/ und eines der BIGFON-Feldversuchssysteme in der Bundesrepublik für digitale Anwendungen /3.28/. Die Bedingungen, unter denen die Funktion sichergestellt werden kann, sollen kurz diskutiert werden.

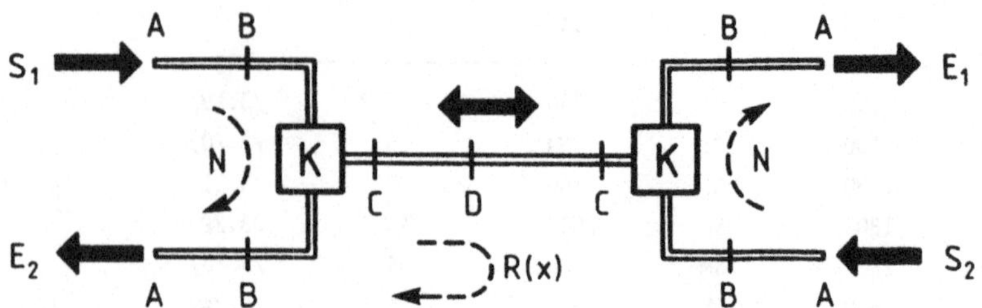

Bild 3-12: Schema und Problempunkte einer Zweiwege-Obertragungsstrecke.

(S_1, E_1 : Sender und Empfänger der ersten Strecke
S_2, E_2 : Ebenso für die Rückrichtung
A : Faserendflächen B : Stecker, Spleiße
C : Endspleiße D : Streckenspleiße
K : Koppelelemente N : Nebensprechen der der Koppelelemente
R(x) : Nebensprechen durch Rückstreuung)

Bild 3-12 skizziert den Aufbau und die Probleme: Störungen des Senders S1 auf den Empfänger E2 und von S2 auf E1 müssen unter einer kritischen Grenze bleiben, die von Fall zu Fall zu ermitteln ist. Digitalsysteme sind weniger kritisch als Analogsysteme. Mögliche Störungen sind:

- Das direkte Nebensprechen der Koppler K. Für einfache Faser-Verschmelzkoppler liegt dies gewöhnlich unter -50 dB optischer Leistung, das heißt, es ist unerheblich. Koppler mit konzentrierten optischen Elementen sind kritischer.

- Die Reflexion an Stoßstellen im Faserverlauf. Hier sind Stecker an erster Stelle zu nennen (Reflexion ca. 8 % entsprechend -11 dB). Stecker verbieten sich daher in der Regel bei C an den Enden der Faserstrecke, dagegen können sie bei B oft toleriert werden. Die Faserendflächen bei A reflektieren ebenfalls (ca. 4 % entsprechend - 14 dB), ihre Wirkung addiert sich zu der der Stecker. Weiterhin kommen Halbleiteroberflächen bei A hinzu. Spleiße sind dagegen reflexionsfrei, soweit es sich um Schmelzspleiße handelt.

- Die Rückstreuung R aus der Faser. Gemeint ist die Rayleigh-Streuung an den Inhomogenitäten des Glases der Faser (siehe Kapitel 2.2.3). Wegen der Abhängigkeit des Rückstreukoeffizienten $S \sim \lambda^{-4}$ von der Wellenlänge ist die Rückstreuung bei 850 nm kritischer als im langwelligen Übertragungsbereich. Da sich Streuanteile der Sendeleistung von S1 von allen Orten x der Streckenfaser quasi-statistisch überlagern, findet man bei langen Fasern insgesamt vorwiegend Gleichlicht am Empfänger E2. Für tiefe Modulationsfrequenzen ist die Überlagerung aber phasenrichtig, sodaß unterhalb etwa 50 kHz auch erhebliche Wechselanteile im Streulicht enthalten sein können. Man kann dem mit der Wahl eines geeigneten niederfrequenzarmen Leitungscodes begegnen. Eine genauere Analyse und Versuchsergebnisse gibt /3.29/.

Während die Rückstreuung in Monomodesystemen wegen der kleinen Einkoppelwirksamkeit eine geringere Rolle spielt, muß man dort noch Störungen durch gegenseitige Einstrahlung der Sender bei S1 und S2 in Betracht ziehen. Fallen die Mittenwellenlängen der Laser nahe zusammen, so ist mit Störungen der Emission zu rechnen, was in Experimenten auch gezeigt wird. Um eine Beeinflussung sicher zu vermeiden, sollten die Laserwellenlängen wenigstens um die Breite der Verstärkungskurven auseinander liegen, also um mehr als etwa 20 bis 30 nm.

3.6.2 Wellenlängen-Multiplex

Optische Systeme höchster Bitraten sind noch Schmalbandsysteme, wenn man sich auf die Frequenz der optischen Trägerschwingung bezieht. Zum Beispiel hat ein System mit 2 Gbit/s bei 1300 nm ganz grob gerechnet die relative Bandbreite

$$B' = \frac{\text{Modulationsbandbreite}}{\text{Trägerfrequenz}} \approx \frac{10^9\ s^{-1}}{2 \cdot 10^{14}\ s^{-1}} = 5 \cdot 10^{-6}$$

Die denkbare Kapazität des Mediums Glasfaser wird also bei weitem nicht ausgenützt. Es liegt daher nahe, ein optisches Trägerfrequenzmultiplex zu machen, das üblicherweise mit "Wellenlängenmultiplex" bezeichnet wird. Selbst wenn man berücksichtigt, daß in praktischen Fasern nur einzelne Wellenlängenfenster nutzbar sind, bleibt eine sehr große Zahl denkbarer Kanäle. Für die praktische Anwendung seien drei Fälle unterschieden:

1) Es wird 1 Kanal pro Wellenlängenfenster genutzt, also zum Beispiel bei 850 und bei 1300 nm. Dies sei FENSTERMULTIPLEX genannt. Die Trennung der Wellenlängen gelingt etwa allein durch unterschiedliche Photodetektoren (Si für 850 nm, GaInAs auf einem InP-Substrat für 1300 nm) oder durch optische Koppler mit aufgedampften dielektrischen Tiefpaß- und Hochpaßfiltern. Hierzu sind zahlreiche Bauelemente im Handel.
2) Die Wellenlängenabstände der Kanäle werden so gewählt, daß sie mit optischen Bandpaßfiltern noch trennbar sind. Erreichbare Abstände sind 40...20 nm; dies entspricht etwa 5000 GHz, also noch immer weit von der Modulationsbandbreite entfernt. WEITES WELLENLÄNGENMULTIPLEX soll hierzu gesagt werden. Dielektrische Filter, Beugungsgitter und Monomode-Faser-Richtkoppler werden als selektive Elemente benutzt, Systeme mit bis zu etwa 10 Kanälen wurden in Laborversuchen aufgebaut. /3.30/ gibt ein Beispiel für einen Breitband-Teilnehmeranschluß mit der gleichzeitigen Verwendung von 5 Wellenlängen.
3) Legt man die Kanalabstände entsprechend den Erfordernissen der Modulationsbandbreiten, so ergibt sich ENGES WELLENLÄNGENMULTIPLEX. Hier sind die Kanäle mit herkömmlichen optischen Mitteln nicht mehr trennbar. Mit der Einführung des optischen Überlagerungsempfangs (siehe 3.6.3) kann aber eine Umsetzung in ein niedrigeres Frequenzband und die Trennung mit elektronischen Filtern möglich werden. Hierzu sind noch keine Experimente berichtet worden.

Einige Probleme sind allen Wellenlängenmultiplexsystemen gemeinsam. Die Multiplex- und Demultiplexbauelemente belasten die Leistungsbilanz der Übertragungsstrecke mit ihrer Zusatzdämpfung, sodaß sich kürzere überbrückbare Längen als mit Einzelsystemen ergeben. Dies kann langfristig möglicherweise durch Fortschritte bei Sendern und Empfängern kompensiert werden, sodaß sich bestehende Strecken mit Mehrkanalsystemen nachrüsten lassen. An die Wellenlängenselektivität der Koppelelemente werden hohe Anforderungen gestellt, um Nebensprechen klein genug zu halten. Oft sind zusätzliche Schmalband-Interferenzfilter vor den Empfangsdioden nötig. Schließlich ist besondere Sorgfalt bei der Herstellung und Selektion der Laser nötig, und je enger die Kanalabstände sind, umso mehr Aufwand ist nötig, um die Laserwellenlängen gegenüber Temperatureffekten und Alterung zu stabilisieren. Man wird deshalb im Einzelfall sorgfältig abwägen müssen, ob Wellenlängenmultiplex gegenüber der Erhöhung der Faserzahl oder gegenüber der Erhöhung der Bitrate (Zeitmultiplex) wirtschaftlich ist. Die Unabhängigkeit der Teilsysteme und die modulare Nachrüstbarkeit können aber wesentliche Vorteile sein. Vor allem für Zweiwegeübertragung ist Wellenlängenmultiplex wegen der geringen Einfügedämpfungen der Koppler in vielen Fällen nicht zu ersetzen.

3.6.3 Kohärente Empfangsverfahren

Die optische Nachrichtentechnik ist heute im Begriff, einen Schritt zu tun, den die klassische Nachrichtentechnik rund 60 Jahre zuvor vollzogen hat, den Übergang vom direkten Empfang zum Überlagerungsempfang. Die zusätzliche Ausnutzung der Freiheitsgrade, die in Frequenz und Phase der optischen Trägerwelle liegen, führt zu Systemen mit wesentlich höherer Empfängerempfindlichkeit und zur Möglichkeit, Signalkanäle nach den Erfordernissen der Modulationsbandbreiten maximal dicht zu packen. Details können im Rahmen dieser kurzen Übersicht nicht diskutiert werden, es soll aber wenigstens das Grundprinzip anschaulich gemacht werden.

Auf die Photodiode eines Empfängers (Bild 3-13) fallen zugleich eine einlaufende Signalwelle der Augenblicksfeldstärke $\mathcal{E}_S$ und die Lichtwelle eines lokalen (Laser-)Oszillators mit der Feldstärke $\mathcal{E}_L$. Am Detektor erscheint also die (vektorielle) Summenfeldstärke

$$\mathcal{E} = \mathcal{E}_S + \mathcal{E}_L \tag{3.38}$$

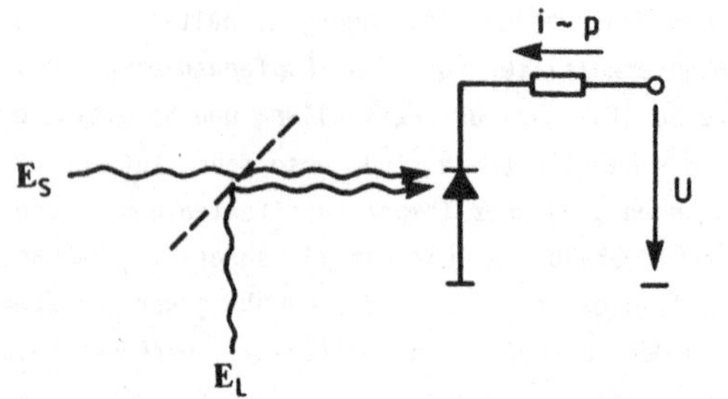

Bild 3-13:
Grundprinzip des Oberlagerungsempfangs

Die Momentanleistung p - und damit der Strom i im Lastkreis - ergibt sich aus

$$p \sim \mathcal{E}\mathcal{E}^*, \tag{3.39}$$

wobei $\mathcal{E}^*$ konjugiert komplex zu $\mathcal{E}$ ist. Mit (3.38) ist

$$\mathcal{E}\,\mathcal{E}^* = \mathcal{E}_S\,\mathcal{E}_S^* + \mathcal{E}_L\,\mathcal{E}_L^* + [\,\mathcal{E}_S\,\mathcal{E}_L^* + (\,\mathcal{E}_S\,\mathcal{E}_L^*\,)^*\,]\,. \tag{3.40}$$

Ist $\mathcal{E}_S = \vec{E}_S \cos(\omega_S t + \varphi_S)$, $\mathcal{E}_L = \vec{E}_L \cos(\omega_L t + \varphi_L)$ und liegen $\vec{E}_S$ und $\vec{E}_L$ zu jedem Zeitpunkt parallel (identischer Polarisationszustand der optischen Teilwellen), so vereinfachen sich (3.39) und (3.40) zu

$$p = p_S + p_L + 2\sqrt{p_S\,p_L}\,\cos[\,(\omega_S - \omega_L\,)t + (\varphi_S - \varphi_L)\,]\,.$$

Dies ist die Ausgangsgleichung für eine kurze Diskussion. Bei Direktempfang ist $p_L = 0$, also $p = p_S$. Im Oberlagerungsempfänger macht man $p_L >> p_S$, sodaß

$$p \approx p_L + 2\sqrt{p_S p_L}\,\cos[\,(\omega_S - \omega_L)t + (\varphi_S - \varphi_L)\,]\,. \tag{3.41}$$

Die am Empfänger verfügbare informationstragende Leistung ist also gegenüber p_S auf maximal $2\sqrt{p_S p_L}$ erhöht. Es ist zu untersuchen, wie sich die in (3.41) beschriebenen Leistungsverhältnisse auf das Signal-zu-Rausch-Verhältnis auswirken.

In etwas vereinfachter Form kann Gleichung (3.22) geschrieben werden als

$$\frac{S}{N} = \frac{p_{Signal}^{2}}{ap + b} \cdot \frac{1}{B} \qquad (3.42)$$

wobei B die Bandbreite, a·p·B das Quantenrauschen und b·B die Summe aller anderen Rauschleistungen darstellen. Für Direktempfang ($p_{Signal} = p = p_S$) ist

$$\left(\frac{S}{N}\right)_D = \frac{p_S^{2}}{a\,p_S + b} \cdot \frac{1}{B} = \frac{p_S}{a + \frac{b}{p_S}} \cdot \frac{1}{B}\,, \qquad (3.43)$$

wobei für Digitalsysteme im allgemeinen b gegen $a \cdot p_S$ überwiegt. Für Überlagerungsempfang seien Frequenz und Phase des lokalen Oszillators so gewählt, daß der cos-Ausdruck in (3.41) identisch 1 wird. Dann ist die Signalleistung $2\sqrt{p_S p_L}$ und mit $p_L \gg (p_S, \sqrt{p_S p_L})$ wird

$$\left(\frac{S}{N}\right)_Ü \approx \frac{2\,p_S p_L}{ap_L + b} \cdot \frac{1}{B} = \frac{2\,p_S}{a + \frac{b}{p_L}} \cdot \frac{1}{B}\,. \qquad (3.44)$$

Mit Ausnahme des Quantenrauschens werden also alle übrigen Rauschanteile im Verhältnis p_L/p_S unterdrückt, und man kann durch genügend große Leistung p_L des lokalen Oszillators Empfindlichkeiten nahe an der Quantenrauschgrenze erhalten. Das bedeutet für Digitalsysteme eine Verbesserung um bis zu 20 dB. Analogsysteme erfordern von vornherein ein höheres S/N, das Quantenrauschen trägt dann relativ stärker zum Gesamtgeräusch bei, und der mögliche Gewinn durch Überlagerungsempfang ist geringer.

Die experimentellen Anforderungen seien an den Gleichungen (3.40) und (3.41) diskutiert. Bei (3.40) wurde bereits erwähnt, daß der Polarisationszustand der überlagerten Wellen übereinstimmen muß. Das ist durch die Verwendung polarisationserhaltender Fasern und Bauteile (Mischer) zu gewährleisten. Als zweite Möglichkeit sei die aktive Regelung des Polarisationszustandes erwähnt.

(3.41) zeigt, welche prinzipiellen Möglichkeiten der Modulation bestehen. Das Signal kann enthalten sein

a) in der Amplitude der Signalwelle (in p_S)
(AM für Analogsysteme, ASK für Digitalsysteme)

b) in der Frequenz ω_S der Signalwelle
(FM oder FSK)

c) in der Phase φ_S der Signalwelle
(PM oder PSK).

Man spricht von Heterodynempfang, wenn $\overline{\omega}_S \neq \omega_L$, von Homodynempfang, wenn $\omega_S = \omega_L$ ist. Beschränken wir die weitere Betrachtung auf Digitalsysteme, so stellt Heterodyn-ASK die geringsten Anforderungen an die Laser. Es ist lediglich $\Delta\omega = \omega_S - \omega_L > B$ zu wählen, und zwar so, daß der Durchlaßbereich des verwendeten Zwischenfrequenzfilters nicht verlassen wird. Heterodyn-FSK erfordert, daß $\Delta\omega$ deutlich kleiner als der Frequenzhub ist. Für Homodyn-ASK muß $\cos[\Delta\omega t + \Delta\varphi] \equiv 1$ bleiben, es ist also eine Nachführung des lokalen Oszillators nötig, und für PSK ist sogar Phasenkonstanz beider Laser über längere Zeiten erforderlich. Man braucht also einen optischen Phasenregelkreis (PLL). Für alle Verfahren gilt, daß die Linienbreiten der Quellen kleiner als die relevanten Frequenzanteile des Signals sein müssen. In Bild 3-14 ist abgeschätzt, welche Empfängerempfindlichkeiten mit den verschiedenen digitalen Modulationsverfahren erreicht werden können /3.31/. Punkt A in diesem Bild zeigt ein experimentelles Ergebnis für Homodyn-PSK; es kommt den errechneten Grenzen schon recht nahe /3.32/.

Die Oberlagerungstechnik eröffnet die Möglichkeit, Signalbänder durch Mischen in heute gut beherrschte Bänder im MHz- oder GHz-Bereich umzusetzen und damit Kanäle in enger Frequenzlage zu selektieren (vergleiche Abschnitt 3.6.2 über enges Wellenlängenmultiplex). Die Ausnutzung der riesigen Obertragungskapazität von Monomodefasern ist damit ganz nahe gerückt, und sie wird gänzlich neue Systemlösungen in der optischen Nachrichtentechnik hervorbringen.

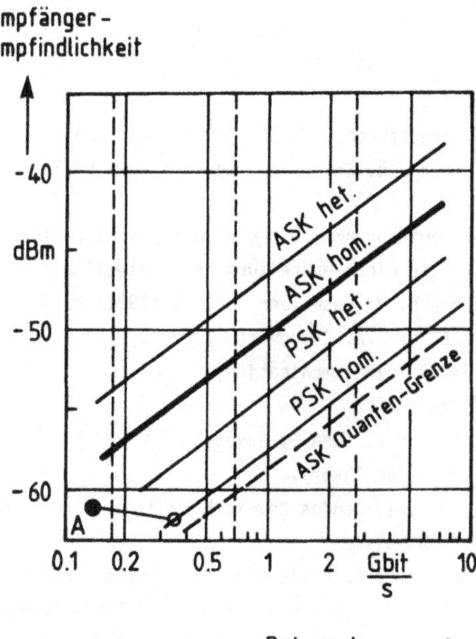

Bild 3-14: Abschätzung der Empfängerempfindlichkeit von Digitalsystemen für verschiedene Oberlagerungsverfahren.

Literatur

/1.1/ Gloge, D., E.A.J. Marcatili:
Multimode Theory of Graded-Core Fibers,
BSTJ 52 (1973), 1563-1578

/1.2/ Geckeler, S.:
Berechnungsverfahren für die Lichtausbreitung in Glasfasern,
Siemens Forsch. u. Entw. Ber. Bd. 6 (1977) Nr.3

/1.3/ Geckeler, S.:
Das Phasenraumdiagramm, ein vielseitiges Hilfsmittel zur Beschreibung der Lichtausbreitung in Lichtwellenleitern,
Siemens Forsch. u. Entw. Ber. Bd. 10 (1981) Nr.3

/1.4/ Miller, S.E. u. A.G. Chynoweth:
Optical Fiber Telecommunication,
Academic Press 1979

/1.5/ Allan W. Snyder u. John D. Love:
Optical Waveguide Theory,
Chapman and Hall, London New York 1983

/1.6/ Payne, D.B. et al.:
Single Mode Fibre Specification and System Performance,
Technical Digest - Symposium on Optical Fibre Measurements,
Oct. 1984, Boulder, Colorado, NBS Special Publication 683

/1.7/ Nijnhuis, H.T. et al.:
Length and Curvature Dependence of Effective Cutoff Wavelength and LP_{11} -Mode Attenuation in Single-Mode Fibres,
NBS Special Publication 683

/1.8/ Luc B. Jeunhomme:
Single-Mode Fiber Optics,
Marcel Dekker, New York und Basel 1983

/1.9/ Grau G.:
Optische Nachrichtentechnik,
Springer, Berlin, Heidelberg, New York 1981

/1.10/ Casey, H.C. Jr. u. M.B. Panish:
Heterostructure Lasers,
Academic Press 1978

/1.11/ Westermann, F.:
Laser,
Teubner Studienskripten, 1976

/1.12/ Harth, W. u. H. Grothe:
Sende- und Empfangsdioden für die optische Nachrichtentechnik,
Teubner Studienskripten, 1984

/1.13/ Marcuse, D.:
Loss Analysis of Single-Mode Fibre Splices,
BSTJ 56, 703 (1976)

/1.14/ Meyer, W.:
Verzweigungseinrichtungen in mehrwelligen optischen Datennetzen,
Mikrowellen Magazin 2, 1987

/1.15/ Tomlinson, W.J.:
Wavelength Multiplexing in Multimode Optical Fibres,
Appl. Opt. 21, 1381 (1977)

/1.16/ Kawasaki, B ., K.O. Hill a. R.G. Lamont:
Biconical-Taper Single-Mode Fiber Coupler,
Opt. Lett. 6, 7, 327-328 (1981)

/1.17/ Köster, W.:
Low Loss Tapered Single-Mode Wavelength Division Multiplexer,
an Elec. Lett. zur Veröffentlichung eingereicht.

/2.1/ Marcuse, D:
Theory of Dielectric Optical Waveguides.
Academic Press, New York 1979

/2.2/ Kersten, R.Th.:
Einführung in die optische Nachrichtentechnik.
Springer Verlag, Berlin 1983

/2.3/ Grau, G:
Optische Nachrichtentechnik.
Springer Verlag, Berlin 1981

/2.4/ Love, W.F.:
Novel mode scrambler for use in optical-fiber bandwidth measurements.
Conf.Opt.Fiber Commun., Washington,D.C., 1979, paper ThG2

/2.5/ Le Hiep, T; Kersten, R.Th.:
A combined mode-filter/mixer to determine spectral attenuation of graded index fibers.
Opt.Commun. 40 (1981) 111-116

/2.6/ Kaiser, P.:
Loss measurements of graded index fibers: accuracy versus convenience.
Symp. on Optical Fiber Measurements, Boulder 1980,
NBS Special Publication No.597 (1980) 11-14

/2.7/ Heitmann, W.:
Broadband spectral attenuation measurement on optical fibers: an interlaboratory comparison by members of COST 208.
Opt.Ouant.Electron. 13 (1981) 47-54

/2.8/ Reitz, P.R.:
Measuring optical waveguide attenuation: the LPS Method.
Optical Spectra, August 1981, 48-52

/2.9/ Marcuse, D.:
Principles of Optical Fiber Measurements.
Academic Press, New York 1981

/2.10/ Schicketanz, D.:
Theorie der Rückstreumessung bei Glasfasern.
Siemens Forsch. u. Entw.Ber. 9 (1980) 242-248

/2.11/ Bondiek, R.; Freyhardt, W.E.:
Rückstreu-Dispersionsmeßgerät für die Glasfaserproduktion.
ntz 36 (1983) 438-441

/2.12/ Schicketanz, D.:
Anwendung des Rückstreumeßplatzes in der Lichtwellenleiter-technik.
Siemens Forsch. u. Entw.Ber. 10 (1981) 53-59

/2.13/ Kaiser, M.:
private Mitteilung

/2.14/ Weidel, E.:
Verzweiger für Rückstreumessungen.

/2.15/ Franzen, D.L.; Day, G.W.:
Measurement of optical fiber bandwidth in the time domain.
NBS Technical Note No.1019 (1980) 1-65
NTG-Fachber. 75 (1980) 187-190

/2.16/ Vassallo, Ch.:
Linear power response of an optical fiber.
IEEE Trans.Microw.Theory Techn. MTT-25 (1977) 572-576

/2.17/ Cohen, L.G.; Lin, C.:
A universal fiber-optic (UFO) measurement system based on a near IR fiber Raman laser.
IEEE J.Quant.Electron. QE-14 (1978) 855-859

/2.18/ Olshansky, R.; Keck, D.B.:
Pulse broadening in graded-index optical fibers.
Appl.Opt. 15 (1976) 483-491

/2.19/ Kaminow, I.P.; Marcuse, D.; Presby, M.H.:
Multimode fiber bandwidth: theory and practice.
Proc.IEEE 68 (1981) 1209-1213

/2.20/ Marcuse, D.:
Pulse distortion in single-mode fibers.
Appl.Opt. 19 (1980) 1653-1660

/2.21/ Gloge, D.:
Effect of chromatic dispersion on pulses of arbitrary coherence.
Electron.Lett. 15 (1979) 686-687

/2.22/ Cohen, L.G.; Mammel, W.L.; Lumish, S.:
Dispersion and bandwidth spectra in single-mode fibers.
IEEE J.Ouant.Electron. QE-18 (1982) 49-53

/2.23/ Payne, D.N.; Hartog, A.H.:
Determination of the wavelength of zero material dispersion in optical fibers by pulse-delay measurements.
Electron.Lett. 13 (1977) 627-629

/2.24/ Day, G.W.:
Measurement of optical fiber bandwidth in the frequency domain.
NBS Technical Note No.1046 (1981) 1-40

/2.25/ Geckeler, S.:
Pulse broadening in optical fibers with mode mixing.

/2.26/ Suematsu, Y.:
Long-wavelength optical fiber communication.
Proc.IEEE 71 (1983) 692-721
Appl.Opt. 18 (1979) 2192-2198

/2.27/ Geckeler, S.:
Auswerteverfahren für Impulsmessungen an Lichtwellenleitern.
ntz 36 (1983) 442-445

/2.28/ Ogawa, K.:
Considerations for single-mode fiber systems.
Bell Syst.Techn.J. 61 (1982) 1919-1931

/2.29/ Marcuse, D.:
Loss analysis of single-mode fiber splices.
Bell Syst.Techn.J. 56 (1977) 703-718

/2.30/ Gloge, D.:
Weakly guiding fibers.
Appl.Opt. 10 (1971) 2252-2258

/2.31/ Katsuyama, Y.; Tokuda, M.; Uchida, U.; Nakahara, M.:
New method for measuring V-value of a single-mode optical fibre.
Electron.Lett. 12 (1976) 669-670

/2.32/ White K.I.:
Characterization of single-mode optical fibres.
The Radio and Electronic Engineer 51 (1981) 385-391

/2.33/ Mohr, F.; Zwick,U.:
Messung der Eigenschaften von Monomodefasern
NTG-Fachber. 75 (1980) 121-125

/2.34/ Streckert, J.:
New Method for measuring the spot size of single-mode fibers.
Opt.Lett. 5 (1980) 505-506

/2.35/ Saruwatari,M.; Nawata,K.:
Semiconductor laser to single-mode fiber coupler.
Appl.Opt. 18 (1979) 1847-1856

/3.1/ Ikegami,T.; Motosugi,G.:
Single longitudinal mode lasers.
Proc. 9th ECOC, North Holland 1983, 31-34

/3.2/ Cotter,D.:
Optical non-linearities in fibres: a new factor in system design.

/3.3/ Chraplyvy,A.R.:
Optical power limits in multichannel wavelength division
multiplexed systems due to stimulated Raman scattering.
Electr.Lett. 20(1984)2, 58-59
Brit.Telecom.Technol.J. 1(1983)2, 17-19

/3.4/ Grau,G.:
Optische Nachrichtentechnik.
Springer 1981, hier 44;75

/3.5/ Cohen,L.G.; Mammel,W.L.; Jang,S.J.; Pearson,A.D.:
High bandwidth single-mode fibers.
Proc. 9th ECOC, North Holland 1983,

/3.6/ Vobian,J.; Herchenröder,G.; Unterseher,E.:
Messung der dispersionsbedingten Verlängerung der Impulsdauer an der Versuchsstrecke Berlin III.
Technischer Bericht 452 TBr 55, Forschungsinstitut beim FTZ der Deutschen Bundespost, August 1983

/3.7/ Ito,T.; Machida,S.; Nawata,K.; Ikegami,T.:
Intensity fluctuations in each longitudinal mode of a multimode AlGaAs laser.
IEEE J.Quantum Electr. QE-13(1977), 574-579

/3.8/ Bludau,W.; Roßberg,R.:
Characterization of laser-to-fiber coupling techniques by their optical feedback.
Appl.Optics 21(1982)11, 1933-1939

/3.9/ Schmid,P.; Stephan,W.:
Characterization of laser diodes by measuring the speckle contrast at the end of a multimode fiber.
J.Opt.Commun. 5(1984)1, 32-36

/3.10/ Couch,P.R.; Epworth,R.E.; Rowe,J.M.T.; Musk,R.W.:
The modal noise characterization and specification of lasers with fibre tails.
Proc. 9th ECOC, North Holland 1983, 139-142

/3.11/ Gündner,H.M.; Stannard,R.; Scholz,U.:
Optical fiber CATV distribution system for 12 TV and 12 FM stereo radio channels.

/3.12/ Smith,R.G.; Personick,S.D.:
Receiver design for optical communication systems.
Topics in Applied Physics, Vol 39: Semiconductor devices for optical communication. H.Kressel (Hrsg.), Springer 1982
Proc. 9th ECOC, North Holland 1983, Post deadline paper

/3.13/ Hess,K.:
Detectors for long wavelengths.
Proc. 9th ECOC, North Holland 1983, 153-158

/3.14/ Bünning,H.:
Güte einer analogen optischen Breitbandübertragungsstrecke.
Frequenz 37(1983)9, 241-247

/3.15/ Gündner,H.M.; Stannard,R.; Saller,H.D.; Fuller,D.:
An optical CATV distribution system.
13th Int. TV Symposium, Montreux, 28.Mai bis 4.Juni 1983

/3.16/ Richard,M.; Carratt,M., Bernard,J.J.:
Video transmission on 90 km of SM fiber.
Proc. 9th ECOC, North Holland 1983, Post deadline paper

/3.17/ Barabas,U.:
Optische Breitbandübertragung mit Hilfe pulsphasenmodulierter Signale.
Frequenz 36(1982)3, 68-75

/3.18/ Brooks,R.M.; Jessop,A.:
Line coding for optical fiber systems.
Int.J.Electronics 55(1983)1, 81-120

/3.19/ Burgmeier,J.; Trimmel,H.R.:
An experimental 560 Mbit/s fibre-optic system.
1979 Optical Communication Conf. (5th ECOC), Amsterdam

/3.20/ Borowski,W.; Dorn,R.; Hess,K.; Lösch,K.; Schemmel,G.:
Optisches glasfasergebundenes Nachrichtensystem bei Wellenlängen um 1200 nm.
BMFT-Forschungsbericht T 82-012. Fachinformationsverlag beim Kernforschungszentrum Karlsruhe, 7514 Eggenstein, 1982

/3.21/ Glasfaser-Obertragungssystem für Weitverkehrsnetz.
Fernmelde-Praxis 59(1982)17, 680

/3.22/ Yamada,J.I.; Machida,S.; Kimura,T.:
2 Gbit/s optical transmission experiments at 1.3 um with 44 km of single-mode fiber.

/3.23/ Boenke,M.M.; Wagner,R.E.; Will,D.J.:
Transmission experiments through 101 and 84 km of single-mode fiber at 274 Mbit/s and 420 Mbit/s.
Electr.Lett. 18(1982)21, 897-898
Electr.Lett. 17(1981)13, 479-480

/3.24/ Mitchell,A.F.; O'Mahony,M.J.; Marshall,I.W.; Ainslie,B.J.:
Low dispersion 1.55 um optical system operating at 320 Mbaud over 103.5 km.
Electr.Lett. 19(1983)24, 1028-1029

/3.25/ Toba,H.; Kobayashi,Y.; Yanagimoto,K.; Nagai,H.; Nakahara,M.:
Injection-locking technique applied to a 170 km transmission experiment at 445.8 Mbit/s.
Electr.Lett. 20(1984)9, 370-371

/3.26/ Linke,R.A.; Kasper,B.L.; Campbell,J.C.; Dentai,A.G.; Kaminow,I.P.:
120 km lightwave transmission experiment at 1 Gbit/s using a new long-wavelength avalanche photodetector.
Electr.Lett. 20(1984)12, 498-499

/3.27/ Köster,W., Mohr,F.:
Optische Zweiwegübertragung.
Elektr. Nachrichtenwesen 55(1980)4, 342-349

/3.28/ Kanzow,J.:
Design concepts of the various BIGFON systems.
13th Int. TV Symposium, Montreux, 28.Mai bis 2.Juni 1983

/3.29/ Köster,W.:
Einfluß des Rückstreulichtes von Lichtwellenleitern auf die Nebensprechdämpfung in bidirektionalen Übertragungssystemen.
Frequenz 37(1983)4, 87-108

/3.30/ Hesdahl,P.B.; Koonen,A.M.J.; Weeda,M.:
A multi-service single fibre subscriber network with wideband electro-optical switching.
Proc. 9th ECOC, North Holland 1983, 331-334

/3.31/ Garrett,I.:
Towards the fundamental limits of optical-fiber communications.
J. lightwave technology LT-1(1981)1, 131-138

/3.32/ Malyon,D.J.:
Digital fibre transmission using optical homodyne detection.
Electr.Lett. 20(1984)7, 281-283

Verwendete Formelzeichen und Abkürzungen

A_N	Numerische Apertur
APD	Avalanche Photodiode, Lawinenphotodiode
$A_N(r)$	Lokale numerische Apertur
a	Kernradius
B	Übertragungsbandbreite
B_E	Elektrische Bandbreite
BFR	Bitfehlerrate
B_O	Optische Bandbreite
B_S	Signalbandbreite
BH	Buried Heterostructure (Lasers)
b	Leistung innerhalb eines EINS-Bits
C	Kapazität
CCC	Cleaved Coupled Cavity (Lasers)
c	Vakuumlichtgeschwindigkeit
D,d	Durchmesser
DFB	Distributed Feedback (Laser)
ELED	Edge Emitting LED, Kantenemittierende LED
$\vec{E}$	Vektor der elektrischen Feldstärke
e	Elementarladung
$\mathcal{E}$	Feldstärke einer Lichtwelle
$\mathcal{E}_L$	Feldstärke des lokalen Oszillators
$\mathcal{E}_S$	Feldstärke der Signalwelle
F	Kernquerschnittsfläche
f	Brennweite
f	Modulationsfrequenz
G	Gesamteingangsleitwert eines Photoempfängers
G	Rauschleistungsmultiplikator von Lawinenphotodioden

GGL	Gewinn-, verstärkungsgeführter Laser
GI	Gradientenindex
G_V	Eingangsleitwert eines Verstärkers
g	Indexexponent, Profilparameter
g(f)	Bewertungsfunktion eines elektrischen Empfängernetzwerkes
$\vec{H}$	Vektor der magnetischen Feldstärke
H(f)	Modulationsübertragungsfunktion
$H_T(\omega)$	Normierte Übertragungsfunktion eines Photoempfängers
h(t)	Impulsantwort einer Faser
$h_A(t)$	Normierter Ausgangsimpuls eines Photoempfängers
$h_P(t)$	Normierter Eingangsimpuls eines Photoempfängers
I	Strom
I_D	Dunkelstrom
I_F	Strom in Durchlaßrichtung
IGL	Indexgeführter Laser
I_P	Photostrom
I_S	Schwellstrom
$I_S(\omega)$	Komplexer Eingangsstrom
I_V	Vorstrom
$I_1 \ldots I_3$	Personick-Integrale
$\bar{i}$	Mittlerer Signalstrom eines Photodetektors
$i_{äqu}$	Äquivalenter Gesamtrauschstrom eines Photoempfängers
i_L	Thermisches Widerstandsrauschen
i_M	Verstärkter Anteil des Dunkelstroms in Lawinenphotodioden
i_N	Nichtverstärkter Anteil des Dunkelstroms in Lawinenphotodioden
i_{RP}	Parallelrauschstromquelle am Verstärkereingang
i_S	Signalstrom
k	Boltzmannkonstante
k	Extinktionskoeffizient
k	Verhältnis der Ionisationsraten von Löchern und Elektronen
L,l	Länge
L	Strahldichte

L_C	Koppellänge
LED	Light Emitting Diode, Lumineszenzdiode
LWL	Lichtwellenleiter
M	Strommultiplikator von Lawinenphotodioden
M_1, M_2	Dispersionskoeffizienten erster und zweiter Ordnung
m	Modulationsgrad (eines Lasers)
N	Modenvolumen
N	Zahl von Photoelektronen zur Übertragung einer EINS
N_E	Elektrische Leistung
N_{eff}	Effektives Modenvolumen
N_O	Optische Leistung
n	Brechungsindex, Brechzahl
n_{eff}	Effektiver Brechungsindex einer Monomodefaser
n	Kanalzahl
n(r)	Profilfunktion
n_1	Maximale Kernbrechzahl
n_2	Brechzahl des Fasermantels
OTDR	Optical Time Domain Reflectometer
P	Lichtleistung
$\hat{P}$	Leistungspegel (logarithmisches Maß)
$P_{aus}(f)$	Komplexe Amplitude einer (modulierten) Lichtleistung am Faserausgang
$P_{ein}(f)$	Komplexe Amplitude einer (modulierten) Lichtleistung am Fasereingang
P_R	Rückstreuleistung
P_{Str}	Streuleistung
P_{ref}	Bezugslichtleistung
P_0	Maximalwert einer Lichtverteilung
$p_{aus}(t)$	Lichtimpulsverlauf am Faserende
$p_{ein}(t)$	Lichtimpulsverlauf am Faseranfang
Q	Qualitätsmaß für digitale Regeneratoren

R	Reflexionskoeffizient
R_E	Eingangswiderstand
RMS	Root mean square, mittlere quadratische Breite
S	Empfindlichkeit einer Photodiode (A/W)
S	Verhältnis von geführter Streulichtleistung zum gesamten Streulicht
SGS	Modenmischer aus Stufenfaser, Gradientenfaser, Stufenfaser
SI	Stufenindex
S/N	Signal-zu-Rauschleistungs-Verhältnis
S_λ	Spektrale Empfindlichkeit
s	Abstand der Faserstirnflächen
T	Absolute Temperatur
T	Impulsschwerpunkt
T	Periodendauer
T	Bitdauer
T_d	Einschaltverzögerung
T_0	Charakteristische Lasertemperatur
t	Zeit
$t_{i,k}$	Element der Transmissionsmatrix
U	Spannung
$U_A(\omega)$	Komplexe Ausgangsspannung
U_E	Spannung an einem binären Entscheider
u_{RS}	Serienrauschspannungsquelle am Verstärkereingang
V	Strukturparameter
V	Verdet-Konstante
V	Volumen
v	Lichtausbreitungsgeschwindigkeit in der Faser
W(0,1)	Wahrscheinlichkeit, eine 0 bzw. 1 am Entscheider zu finden
w(z)	Strahlaufweitung eines Gaußstrahles im Abstand z von der Faserstirnfläche
w_0	Gaußsche Strahlweite

x	Exponent zur Beschreibung des Lawinenzusatzrauschens
x	Radialer Versatz der Faserachsen
y	Auf die Bitfolgefrequenz bezogene Frequenz
$Z_T(\omega)$	Übertragungsfunktion eines Verstärkers
α	Dämpfungskoeffizient
β	Ausbreitungskonstante
β	Design-Parameter für Rauschbewertungsfilter
β	Ionisationsraten der Löcher in Lawinenphotodioden
β	Extinktionskonstante
β	Ionisationsraten der Elektronen in Lawinenphotodioden
γ	Längenexponent der Impulsverbreiterung, Verkettungsexponent
Δ	Relative Brechzahldifferenz
ΔE	Energiedifferenz, Bandabstand
Δf	Frequenzhub
Δt	Impulsverbreiterung (Halbwertsbreite)
Δt_{ein}	Impulsdauer am Fasereingang
$\delta\overline{i^2}$	Mittleres Rauschstromquadrat
$\delta T, \delta t$	Dauer eines Lichtimpulses
$\Delta\lambda$	Spektrale Breite einer Lichtquelle, Linienbreite
$\delta\lambda$	Wellenlängenbereich
η	Koppelwirkungsgrad
η	Quantenwirkungsgrad
η_d	Differentieller Quantenwirkungsgrad
ϑ	Akzeptanzwinkel einer Faser, allg. Winkel
λ	Wellenlänge
λ_c	Grenzwellenlänge, Cut-off-Wellenlänge
λ_{ce}	Effektive Cut-off-Wellenlänge

λ_{ref}	Bezugswellenlänge
λ_z	Zentrale Wellenlänge einer Strahlungsverteilung
λ_o	Dispersionsnullstelle
σ	Standardabweichung
σ	RMS-Impulsverbreiterung
σ_{ch}	-/- durch chromatische Dispersion
σ_{mod}	-/- durch Modenlaufzeitunterschiede
τ	Laufzeit
τ	Meßzeitpunkt der Rückstreumessung
τ_E	Ankunftszeit eines vom Faserende reflektierten Impulses
τ_K	Kohärenzzeit
τ_{ref}	Bezugslaufzeit
τ_S	Trägerlebensdauer gegenüber spontaner Rekombination
φ	Winkelversatz
Φ	Strahlstromdichte, Strahlungsleistung
Φ (f)	Spektrale Dichte des mittleren Rauschstromquadrates
Φ (f)	Phasenfaktor
Φ_D	Spektrale Dichte des Dunkelstromrauschens
Φ_Q	Spektrale Dichte des Quantenrauschens
ω	Kreisfrequenz
ω_L	Frequenz des lokalen Oszillators
ω_S	Frequenz der Signalwelle

Stichwortverzeichnis

Made in the USA
Las Vegas, NV
11 November 2024